JN100019

# そんなことも知らないの？

と思われたくない社会人の

# パソコンスキル大全

四禮静子
Shirei shizuko

Encyclopedia of computer skills

技術評論社

● **免責**

本書に記載された内容は、情報の提供のみを目的としています。したがって、本書を用いた運用は、必ずお客様自身の責任と判断によって行ってください。これらの情報の運用の結果について、技術評論社および著者はいかなる責任も負いません。

本書では、以下のOSおよびソフトウェアを使用して動作確認を行っています。ほかのバージョンのOSおよびソフトウェアを使用した場合、本書で解説している操作を再現できない場合があります。

- Windows 11 Pro
- Microsoft 365（Outlook・Word・Excel・PowerPoint）
- Microsoft Edge 122
- Google Chrome 122

本書記載の情報は、2024年2月1日現在のものを掲載していますので、ご利用時には、変更されている場合もあります。また、ソフトウェアはバージョンアップされる場合があり、本書での説明とは機能内容や画面図などが異なってしまうこともあり得ます。

以上の注意事項をご承諾いただいた上で、本書をご利用願います。これらの注意事項をお読みいただかずに、お問い合わせいただいても、技術評論社および著者は対処しかねます。あらかじめ、ご承知おきください。

● **商標、登録商標について**

本文中に記載されている製品の名称は、一般に関係各社の商標または登録商標です。なお、本文中では™、®などのマークを省略しています

# はじめに

**「新卒」**

なんと初々しい響きでしょうか？　人生で１回しか経験できない新卒採用で社会人へと足を踏み入れていく皆さんをとてもうらやましく思います。なぜなら、私は大学卒業時に就職活動も就職もせず「新卒採用」という社会人第１歩を踏み出すことができなかった、いやしなかったからです。「同期」と呼べる仲間もいないし、OJT でお世話になった先輩もいません。自分の社会人への第１歩を、もっと真剣に考えていたら……なんて思うこともあります。

それはさておき、入社したての新入社員の方が「まだ仕事ができない」のは当然のこと。でもお給料はいただきます。となると、**お給料の対価として会社に何を提供できる**でしょう。

新入社員や入社数年目の方は知識や経験が不足していますが、仕事に対する意欲が高く、新しいことに挑戦したり、先輩や上司からのフィードバックを受けたりすることで成長できる、という期待があります。

**それでは、これからの社会人生活に向けて、なにを成長させていけばいいのでしょうか？**

体力？　知力？　行動力？　自分の強みを探すことも難しいし、こうしなければと思うことも一朝一夕ではなかなか難しいものです。そんなあなたに、まずおすすめしたいのが**パソコンの基本スキル**です。

## 「パソコンスキル」を最初の強みにするワケ

私はパソコン講師として、新入社員の方に基本的な研修をさせていただく機会があります。参加者は今までスマホで事足りた学生生活を送ってきたり、自己流でパソコンを使ってきたりした方も多く、せっかく会社で受けさせてくれる研修なのに、

**「操作スピードについていけない……」**
**「何のためにこの操作が必要なのかわからない……」**

と成果が半減する残念な結果になることもあります。

今やどんな業種であっても、業務でパソコンを使用するのはあたりまえ。メールで連絡をとったり、ネットで情報を集めたり、Officeソフトで資料を作成したり、報告書を作成したり……と日常業務の中でパソコンの作業は多くの時間を占めています。「知っててあたりまえでしょ」と思われて仕事を振られることも多いはずです。

ちゃんとしたパソコンの使いかたを知らずに、その場をしのいできた社会人1・2年目の方は、周りから**「そんなことも知らないの？」**と思われているのではないかと不安になるでしょう。ただでさえ業務内容ははじめてでわからないことばかりなのに、道具であるパソコンの使いかたまでわからなければ、どんどん遅れをとってしまいますし、気持ちが萎縮してしまうと、ほかの業務にも自信がなくなってしまいます。

そこで、パソコンの基本スキルを身につけ「強み」にすれば、**どんな業種でも速攻で活かす**ことができ、入社したての毎日の仕事をサクサクとこなしていけます。それは周りからの信頼や評価につながっていきます。

## 仕事で重要なパソコンスキル３つの軸

それでは、具体的に**どこまで勉強すればパソコンスキルを強みにできる**のでしょうか。本書では３つの軸を意識してスキルを身に付けます。

### ● 正確性

仕事で「ついうっかり」は大きなミスにつながります。大切なメールの宛先をまちがえた。伝え忘れたことを五月雨式にメールを送り付けた。返信したつもりがしていなかった。こんな仕事のしかたでは、相手からの信頼を得ることはできません。これらの人的ミスに対して「気をつけよう」という意識を持つだけでなく、メールの振り分けやフラグの利用、連絡先の管理など、**機能をきちんと使いこなして**防ぎましょう。

このことは連絡手段だけでなく、情報収集や資料作成にもいえることです。目的に沿った情報整理や、自己流ではないソフトの機能をきちんと活用した資料を作成できれば、上司や同僚から信頼されコミュニケーションも円滑になります。そして、あなた自身の自信につながることでしょう。

### ● スピード

今やネットで情報収集はあたりまえ。仕事相手の企業情報をホームページで検索できますし、仕事に関する調べものもネット、国が公開しているさまざまなデータもネット、過去の入札情報や落札業者のチェックもネット、消費者の口コミや評判もネット……という時代です。

検索にてまどっている暇はありません。仕事に必要な情報を**いかにすばやく**自分のものにするのか、検索のコツや情報管理の方法を身につけておく必要があります。

検索以外にも仕事全般にスピードは重要です。依頼された資料の準備が間に合わず、残業したり仕事を家に持ち帰ったりするのは、パソコンを道具として使いこなせていないため。**スピードを重視したパソコンスキル**を身につければ新入社員にとってのアドバンテージとなります。

### ● 共有性

以下のような事項に心当たりはないでしょうか。

- 作成した資料に誤字脱字や入力ミスが多い
- 内容を変更したら、かんたんにレイアウトが崩れる資料を作っている
- 共有フォルダーの資料のファイル名を勝手に変更した
- 同じようなファイル名が増えて、どれが最新かわからなくなった

なにも知らずに操作して、周りに迷惑をかけているかもしれません。タイピングが苦手なら、入力支援や便利な変換方法などを味方につけ、ミスなくすばやく入力すること。そして、共有してもかんたんに修正・変更できる編集方法で、資料を作成することなどが求められます。

**仕事は１人ではできません。**ミスを減らし、迷惑をかけない仕事のしかたを心がけることが、周りからの信頼につながります。

現在、企業のDX（デジタルトランスフォーメーション：デジタル技術による社会変革のこと）が進み、さまざまな作業がシステム化・効率化されています。AIが出現し、いろんなことを私たちの代わりにおこなってくれることでしょう。それでも、私たちの日常業務からパソコンの作業がなくなることは考えられません。新社会人の方は「仕事をする」という前提でパソコンスキルを身につけ、「自分の強み」にして社会人の第１歩を踏み出してください。

社会人としてある程度年数を重ねている方にとっても、いまさら人に聞

けない疑問や自信が持てない部分を解決して、今後の業務に自信を持っていただければと思って本書を執筆しました。難しいこと、マニアックなことは記載しておりません。「そんなことも知らないの？」と思われないために、ぜひ仕事を覚える前の基本スキルとしてお役に立てていただければうれしく思います。

2024年　3月　四禮静子

# CONTENTS

Outlook / Gmail

## 日々のルーティンを最短に！「メール」のスキル


01-01 **メールやメーラーのキホンを理解しよう** …… 016

ビジネスメールの構成要素をおさえる …… 016
「テキスト形式」と「HTML形式」の使い分け、できていますか？ …… 019
画像を共有するときに注意すべき2点 …… 022
誤送信を防ぐメールの常識 …… 025
複数人宛にメールを送るためのキホン …… 028
Outlookはメールサーバーの容量に気を配ろう …… 030
COLUMN 毎日のメール処理はショートカットキーを駆使しよう …… 033

01-02 **同じ言葉や文面を「ゼロから手入力」するのはやめよう** …… 034

根本的なスピードアップを図るには「入力数」を減らす …… 034
署名を相手先にあわせて瞬時に切り替える方法 …… 036
自分専用のひな形を作成してスピードアップを図る …… 040
COLUMN 意外と知られていない「文字変換」のコツ …… 044

01-03 **送り先をまちがえず、すばやく指定する方法** …… 046

早く正確に送るには「連絡先」の管理から …… 046
複数人に送るならメーラーの機能で抜け漏れを防ぐ …… 048

01-04 不要なメールを「すばやく的確に」処理するコツ …… 052
1日のはじまりは「不要なメールの削除」から …… 052
返信が必要なメールにフラグを立てる …… 055
COLUMN 新着メールを見落とさないために …… 057

01-05 必要なメールだけをすばやく閲覧する方法 …… 058
受信したメールを「フォルダー（ラベル）」にまとめる …… 058
メールの振り分け作業を自動化する！ …… 060
年ごとに適切なフォルダーで管理する …… 064
どうしても見つからないメールは「高度な検索」を活用しよう …… 065
COLUMN メールの自動振り分けで起こりうるミス …… 067

Edge / Chrome

## 必要な情報を最速で見つける！「情報検索」のスキル

02-01 ほしい情報をネットから「最速」で「的確」に収集する …… 070
複数のキーワードで検索する方法3つ …… 070
目的の情報をすばやく見つける検索テクニック …… 071
言葉以外にも「画像」で検索できる …… 073
情報の「検索」と「要約」にAIを使ってみよう …… 076
COLUMN 見落としがちな「検索履歴」に気をつけよう！ …… 080

02-02 「あのページをもう一度見たい！」探す時間を省略する …… 082
閉じたページをすぐ復活させるには …… 082
閲覧履歴から目的のページをすばやく探す方法 …… 083

再検索の手間を省く「お気に入り（ブックマーク）」を活用しよう …… 087
目的の「お気に入り」をすぐ見つける管理の工夫 …… 089
COLUMN 個人情報を残さずページをみるには …… 092

02-03 ブラウザをもっと活用できる便利ワザ …… 094
「検索ページ」+「情報収集ページ」で効率よく情報を得る …… 094
迷いがちな「翻訳」はブラウザ機能で解決！ …… 096
ウィンドウ操作で「調べながらの作業」を効率化 …… 098
「Webページのこの画像がほしい！」キャプチャと保存のコツ …… 099
COLUMN 調べたノウハウを蓄積する「便利技メモ帳」づくり …… 102

## CHAPTER 03 Word / Excel / PowerPoint 資料を最小の労力で作る！「資料作成」のスキル

03-01 5分でササっと編集する「Word」のキホン …… 106
Wordは「ビジネス文書」や「長文」だけのソフト？ …… 106
Wordの文字入力のキホン「ベタ打ち」 …… 108
編集の前に知っておきたい「選択」と「表示」 …… 109
文字配置になぜ「スペース」を使ってはいけないのか …… 113
「段落」を理解すれば、Wordはもっと使いやすくなる！ …… 114
字下げには3種類ある …… 117
タブを活用して、箇条書きを読みやすくしよう …… 122
文字幅はWordの機能でそろえる …… 124
段落間／行間の違いを明確にしよう …… 126
COLUMN 行間を思いどおりに調整する方法 …… 129

03-02 **複雑なしくみに思える「Excel」の攻略法** …… 132
Excelで作成する表は２種類 …… 132
Excelを理解するはじめの１歩「セルの二重構造」 …… 134
「マウスポインタ」に注目して、すばやく正確に操作する …… 136
表計算ソフト特有の「計算」のコツ３つ …… 138
関数を使いこなしてラクラク計算しよう！ …… 140
セルに文字をキレイに配置するキホン …… 144
表をおさまりよく印刷するには …… 148
読みやすい配布資料を作る３つの表示機能 …… 150
COLUMN データ確定では必ずEnterキーを押そう！ …… 155

03-03 **もっと効果的に使える！「PowerPoint」の機能** …… 156
PowerPointが直感的に操作しやすいワケ …… 156
スライドの作成はアウトラインから …… 157
見映えがいいデザインとレイアウトを設定する …… 159
スライドの「読みやすい」テキスト配置とは …… 162
発表時こそPowerPointの機能が活きる …… 163

03-04 **資料作成ソフトに共通する「表の文字配置」テクニック** …… 166
読みやすい表は「文字配置」がカギ …… 166
「上下左右」を整えて見映えをグッとよくする！ …… 167
表内の文字配置は細部までこだわろう …… 170

03-05 **資料作成ソフトに共通する「図形や表」のテクニック** …… 172
初期値の図を変更してくり返しの操作を省略！ …… 172
図の作成をパターン化しよう …… 173
キャプチャ画像を資料に手早く取りこむ …… 177
Excelの表をWord・PowerPointで使いまわすには …… 179

03-06 資料作成ソフトに共通する「作業効率化」のテクニック …… 184
共通のショートカットキーで、3つのソフトを一度に効率アップ! …… 184
よく使う機能はクイックアクセスツールバーに追加しよう …… 185
ボタンをたくさん登録するなら「リボン下」に置く …… 187
タブは自分用にカスタマイズできる ……188
COLUMN 共有性を高めるPDFファイルの作成 …… 191

Windows

## 最高効率で業務をこなす!「ファイル管理」のスキル

04-01 毎日の「ファイル管理」でパソコンスキルを向上させる …… 196
ファイル管理は「ルール決め」が肝心 …… 196
目的のファイルをすぐ見つける表示方法 …… 197
ファイル探しの時間を極限まで減らす命名のコツ …… 200
ファイル名変更の手間を最小限に! …… 202
「プロパティ情報」で検索の効率性を高める …… 204
COLUMN たった1つの操作でコピー&移動をする! …… 207

04-02 「アイコン管理」の乱れは仕事の乱れ …… 208
デスクトップに作ったアイコンを断捨離しよう …… 208
「タスクバー」をさらに使いこなすテクニック3選 ……210
右下の「システムトレイアイコン」は乱雑になっていない? …… 212
デスクトップをキレイに保つ2つの習慣 …… 214
使用頻度が高くないフォルダーは「タイル」を活用しよう …… 217
デスクトップに残す「既定のアイコン」を厳選する …… 218

デスクトップのアイコンは使いやすい場所に置こう …… 221
強制表示される「スタートアップアプリ」は無効に …… 222
COLUMN 中級テクニック！　GodModeアイコンを作る …… 224

巻末特集1 **突然フリーズした！　覚えておきたい対処方法** …… 226

巻末特集2 **サクサク操作する！　ショートカットキー一覧** …… 229

**INDEX** …… 235

CHAPTER

# 01

# 日々のルーティンを最短に！「メール」のスキル

使用ソフト　Outlook、Gmail

ビジネスで「だれかと連絡する」には、電話やメールに加えて、チャットツールやWeb会議など、さまざまな手段があります。その中でも、おもな連絡手段は**メール**です。1日の業務のスタートはメールチェックから、という方も多いでしょう。

メールは相手と用件を伝えあうツールなので、「相手に失礼のない文面」「伝わりやすく簡潔にまとめた文面」にすることはもちろん大事。それ以外にも、仕事で必須のメールを使いこなすには、次の3つをしっかりとできるようにしておくことです。

### ① メール送信

とてもかんたんなことのようですが、メールを送るには「即時返信を心がける」「送信先のアドレスをまちがわない」「CCやBCCの送信方法を考慮する」など、知っておくべき送信のしかたがあります。

### ② メール受信

新入社員としてビジネスメールを使いはじめたときは、**相手からくるメール**を参考にしましょう。内容がきちんと伝わってくるか、返信しやすい問いかけになっているかなど、先輩からの社内メールや外部からの連絡メールから学ぶことはたくさんあります。

また、ほかの仕事に時間をとられてしまっていても、できるだけ新規受信メールのチェックを怠らず、急ぎのメールをそのままにしないように配慮しましょう。

### ③ メール管理

メールの管理で重要なのは、**大切なメールを見落とさない**ことです。

たとえば、打ち合わせの日程調整をしているときにメールの返信を失念することで、相手の方は打ち合わせ日が確定するまで、候補日の予定をすべて空けておかなくてはなりません。

そこで、受信トレイからムダなメールを削除し、大事なメールにフラグ（スター）を設定、さらにメールを探しやすくするためにフォルダーで管理します。

日常業務でよく使う連絡手段としてのメールだからこそ、自信をもって使えるようになりましょう。

CHAPTER 01-01

# メールやメーラーのキホンを理解しよう

## ビジネスメールの構成要素をおさえる

#メール送信　#正確性　#共有性

はじめてビジネスメールを送るときは「どう書けばいいのかわからない！」というところからつまずくと思います。ビジネスメールは、一般的に次のように組み立てます。

### ビジネスメールの要素

送信(S)
差出人(M)　school@fortynet.co.jp
宛先(T)　school@forty40.com ― 相手のアドレス
CC(C)
件名(U)　HPリニューアルの件 ― 件名

株式会社 ABC
伊藤様 ― 相手の名前

いつもお世話になっております。
有限会社フォーティの四禮です。 ― あいさつ文
先日はお打合せのお時間をいただき、ありがとうございました。

先日のお打ち合わせ内容をもとに、弊社ホームページリニューアルの内容をまとめました。
いつものクラウドにアップしてありますので、ご確認をよろしくお願い申し上げます。
なお、リニューアルオープンは当初の予定通り、来年４月を予定しております。

お忙しいところ恐れ入りますが、どうぞよろしくお願い申し上げます。 ― 締めの言葉

★♪♪♪♪♪♪♪♪★☆★♪♪♪♪♪♪♪♪♪★
〒111-0034
東京都台東区雷門二丁目 19-17　雷一ビル 612
有限会社　フォーティ
四禮　静子
TEL　03-3842-6453
URL　http://fortynet.co.jp
E-Mail　school@fortynet.co.jp
★♪♪♪♪♪♪♪♪★☆★♪♪♪♪♪♪♪♪♪★
― 署名

各要素の気を付ける点を、くわしく見ていきましょう。



## ● 相手のアドレス

相手のアドレスの入力はいくつかの方法があります。まずパッと思いつくのは**手入力**でしょう。はじめてメールを送る相手の場合、メールアドレスを［宛先］欄に手入力します。以降は、アドレスを途中まで入力すると候補が表示され、選択入力ができます。

もう１つは、**連絡先**からの入力です。アドレスの手入力を省くために事前にメールアドレスを「連絡先」に登録しておきます（登録方法はP.047）。［宛先］ボタンをクリックして連絡先を表示し、一覧から相手のアドレスをダブルクリックします（Gmailは［宛先］をクリックして入力する）。

**Outlookの入力方法２種類**

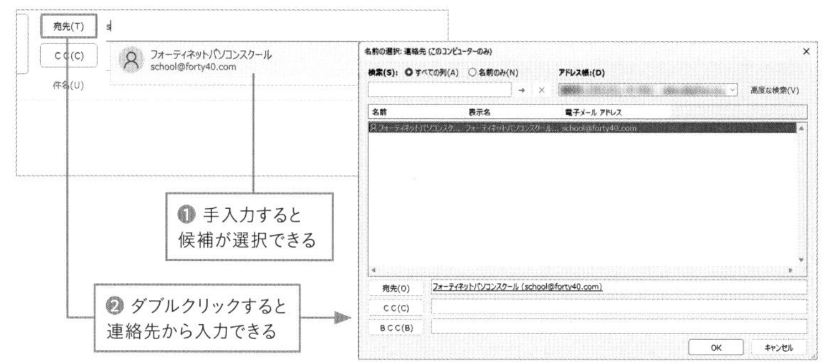


## ● 件名

メールを書くときには「件名」を忘れずに入力しましょう。伝えたい内容、つまり**本文に記載する内容がひと目でわかる**件名を付けます。受信者が、件名で並べ替えて同じ案件のメールを確認したり、件名で検索したりすることもあります。

逆に件名がないと迷惑メールに振り分けられたり、まちがって削除されたりしてしまうケースが多いので注意が必要です。

## ● 相手の名前

メールの本文では、メール本文に用件だけ記載する方がいます。もちろん簡潔なメールは望ましいのですが、相手方の名前を省くのはやめましょう。○○様、○○会社△△部署○○様など、だれにあてたメールなのかはっきりと記載します。

「○○会社○○様」と相手の名前が本文に記載されていれば「相手のアドレスをまちがえて送ってしまった！」というときにも、アドレス違いで送られてきたことが相手に伝わります。

このとき社名や部署名、相手の名前はまちがえたくないですね。IMEで**単語登録**（P.034参照）をすればミスを最小限にできます。

## ● あいさつ文

あいさつ文は長くせず簡潔に記載します。一般的に、送り先によって以下のように使い分けます。

| | |
|---|---|
| **はじめて連絡をとる外部の方** | はじめてメールをさせていただきます。株式会社○○の△△です。 |
| | 突然のメール失礼いたします。株式会社○○の△△です。 |
| **お付き合いのある外部の方** | いつもお世話になっております。株式会社○○の△△です。 |
| | いつもありがとうございます。株式会社○○の△△です。 |
| **社内の方** | おつかれさまです。○○部の△△です。 |

このような定型文も**単語登録**（P.034参照）をすることで入力を効率化できます。

## ● 署名

社内や社外の取引先、顧客など、メールの送り先によって、**署名**の内容を変えるほうがいいケースがあります。署名はいくつかひな形を用意して、切り替えられるようにしましょう（P.036参照）。

## 「テキスト形式」と「HTML形式」の使い分け、できていますか？
#メール送信 #共有性

「メールの構成要素はわかった。さっそくメールを作成しよう！」

……その前に、あなたが作成するメールの**種類**を確認しておきましょう。メールには大きくわけて、**テキスト形式**と **HTML 形式（リッチテキスト形式）**の2種類があることをご存じでしょうか？

2つの違いは実際に並べてみれば一目瞭然です。

**テキスト形式とHTML形式の違い**

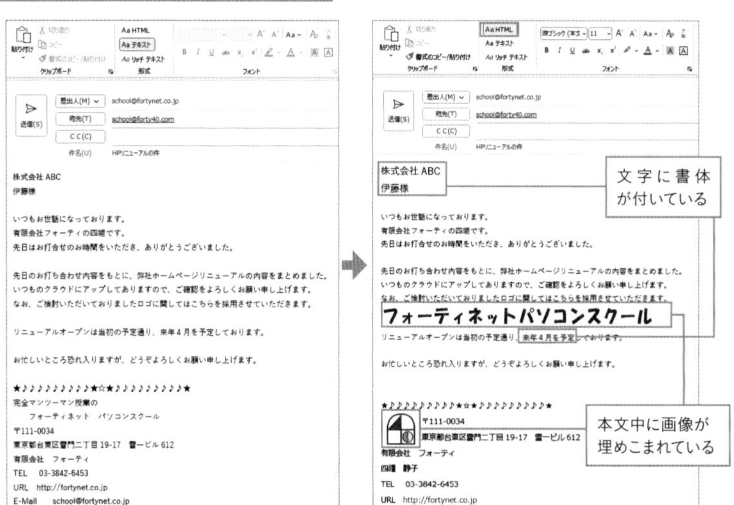


テキスト形式は、書式設定や画像の埋めこみなどはできません。シンプルにテキストの表現のみのメールで、容量が軽くなります。担当者レベルで連絡をとり合うようなメールであれば、テキスト形式で十分ですね。

ただし、次のような機能を活用したいなら、HTML 形式（リッチテキスト形式）を使用します。

- メール本文に書式を設定したい（文字色の変更・インデントなど）
- メール本文内に画像を埋めこみたい
- 埋めこんだ画像にリンクを設定したい

視覚的な訴求が求められる商品紹介の DM（ダイレクトメッセージ：宣伝目的で送るメールのこと）を送る、署名に会社のロゴなど画像を埋めこんだメールを送る……といった場面でよく使用されます。テキスト形式より多機能ですが、その機能を悪用して、ウィルスを仕込むケースがあります。また、受信環境によってレイアウトが崩れる場合もあるので、注意しましょう。

なお、Outlook と Gmail ではいずれも**新規作成メールの初期設定は「HTML 形式」**です。

企業によっては、会社で使用するメール形式はテキストメール、と決めている場合がありますので、切り替えられるようになりましょう。

### OutlookとGmailでの名称

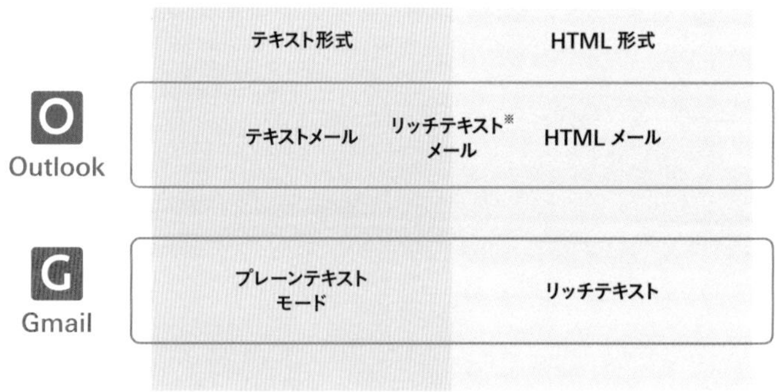


※ Outlook 独自の形式で、テキスト形式と HTML 形式の中間。書式設定やリンク設定・画像・添付ファイルの埋めこみはできるが、複雑なレイアウトはできない HTML メール。

## 初期設定のメール形式を変更する ➡Outlook ／ Gmail

### Outlook

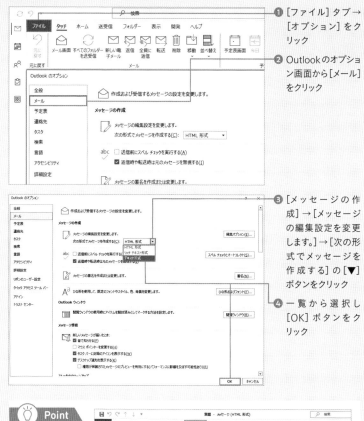

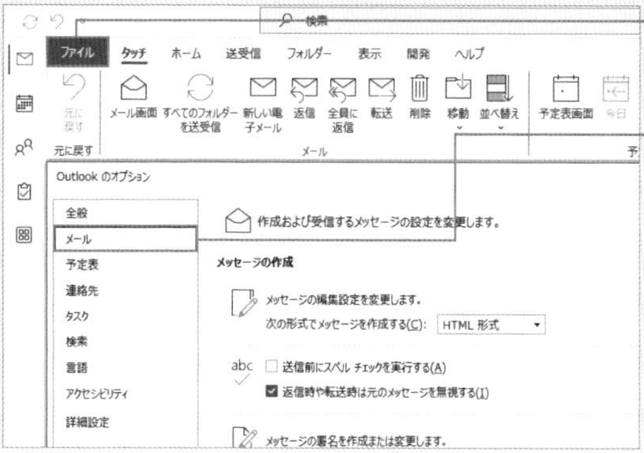

❶ [ファイル] タブ→[オプション] をクリック

❷ Outlookのオプション画面から[メール]をクリック

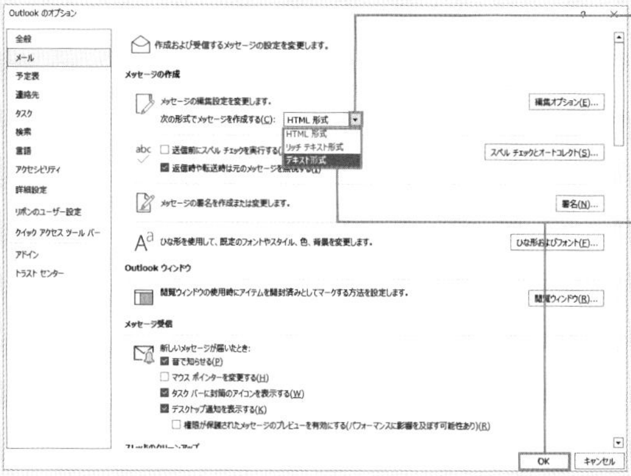

❸ [メッセージの作成]→[メッセージの編集設定を変更します。]→[次の形式でメッセージを作成する] の[▼]ボタンをクリック

❹ 一覧から選択し[OK] ボタンをクリック

**Point**

メール作成画面の[書式設定]タブ→[形式]グループから、選択変更することもできます。

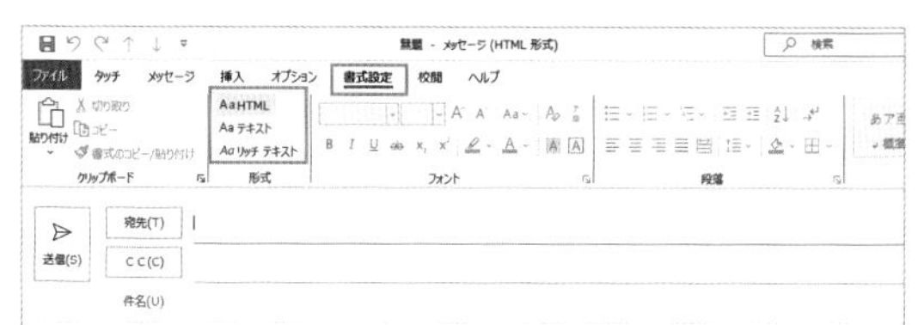

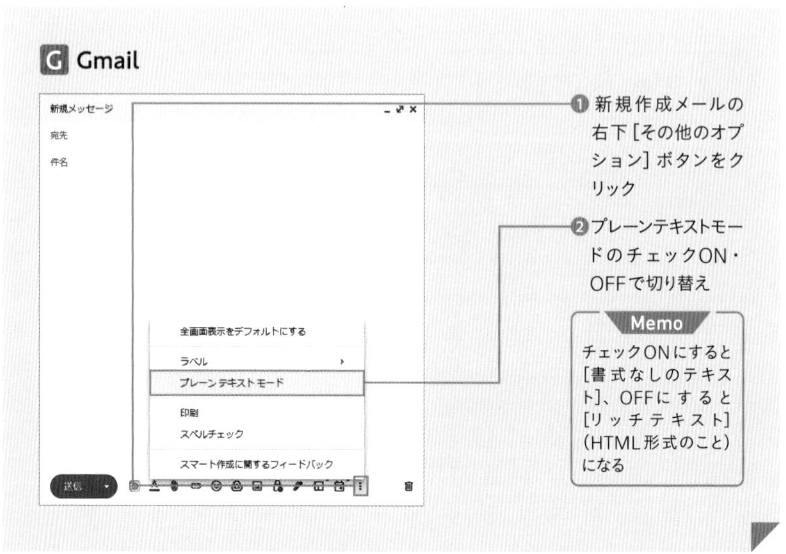
Gmail
新規メッセージ
宛先
件名
全画面表示をデフォルトにする
ラベル
プレーンテキスト モード
印刷
スペルチェック
スマート作成に関するフィードバック
送信
❶新規作成メールの右下［その他のオプション］ボタンをクリック
❷プレーンテキストモードのチェックON・OFFで切り替え
Memo
チェックONにすると［書式なしのテキスト］、OFFにすると［リッチテキスト］（HTML形式のこと）になる

## 画像を共有するときに注意すべき2点

#メール受信　#共有性

HTML 形式のメールで、相手と画像を共有する方法は、**①本文内に表示する（貼り付ける）**と**②添付ファイルとして送る**の２つです。

画像を一時的に見てもらうだけであれば、①本文内に貼り付けますし、画像をファイルとして先方に渡したいなら、②添付ファイルとして送ります。ただし、その際は下記の２点に注意を払いましょう。

### ● 本文に貼り付ける画像の「サイズ」

①本文内に画像を貼り付けるときは、**パソコンでもスマホでもひと目で閲覧できるサイズ**に調整します。あまりに大きすぎる画像だと、メール閲覧時に「画像の一部しか見えず、スクロールしないと全体が見えない！」ことになります。**600px 以下**を基準として考え、縮小できなければ、②添付ファイルとして送りましょう。

### ● 貼り付けたり添付したりする画像やファイルの「容量」

これは画像だけでなく、ファイル全般にいえますが、あまり重いデータを添付することは避けましょう。相手のメールソフトに負荷をかけてしまいます。また、メールサーバーによってはメール容量に制限をかけ、重いメールは受信できないケースがあります。一般的にメールに添付するファイルの容量は**2MBまで**といわれています。

メールで送れない重たいデータは**オンラインストレージ**を利用するとよいでしょう。Googleなら15GBまで使用できる「Google Drive」、Microsoftなら個人で5MBまで使用できる「One Drive」があります。それぞれの契約の種類によって容量は変わります。

上記2点をふまえたうえで、メールで画像を共有するには次のように操作しましょう。

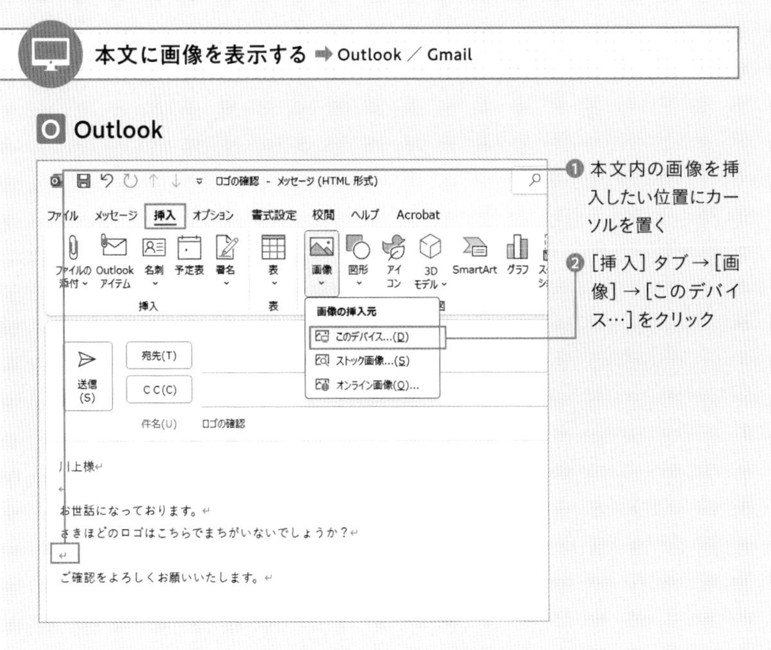

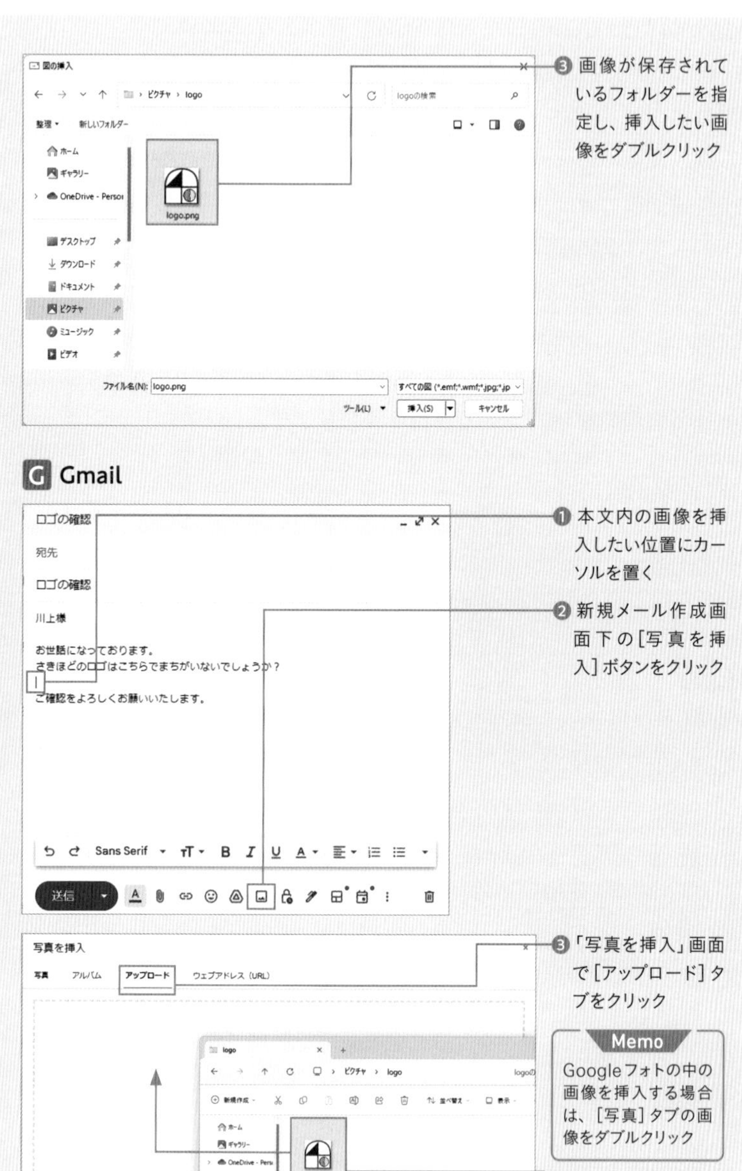
図の挿入
ピクチャ › logo
logo.png
❸ 画像が保存されているフォルダーを指定し、挿入したい画像をダブルクリック
G Gmail
ロゴの確認
宛先
ロゴの確認
川上様
お世話になっております。
さきほどのロゴはこちらでまちがいないでしょうか？
ご確認をよろしくお願いいたします。
送信
❶ 本文内の画像を挿入したい位置にカーソルを置く
❷ 新規メール作成画面下の［写真を挿入］ボタンをクリック
写真を挿入
写真
アルバム
アップロード
ウェブアドレス（URL）
❸「写真を挿入」画面で［アップロード］タブをクリック
Memo
Googleフォトの中の画像を挿入する場合は、［写真］タブの画像をダブルクリック
❹ 埋めこみたい画像をウィンドウ内にドラッグしてアップロード

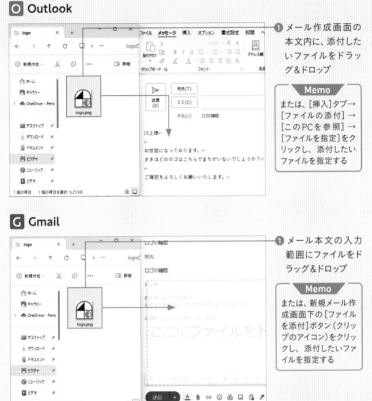

## 画像やファイルを添付で送る ➡ Outlook ／ Gmail

### O Outlook

❶ メール作成画面の本文内に、添付したいファイルをドラッグ&ドロップ

**Memo**
または、[挿入]タブ→[ファイルの添付]→[このPCを参照]→[ファイルを指定]をクリックし、添付したいファイルを指定する

### G Gmail

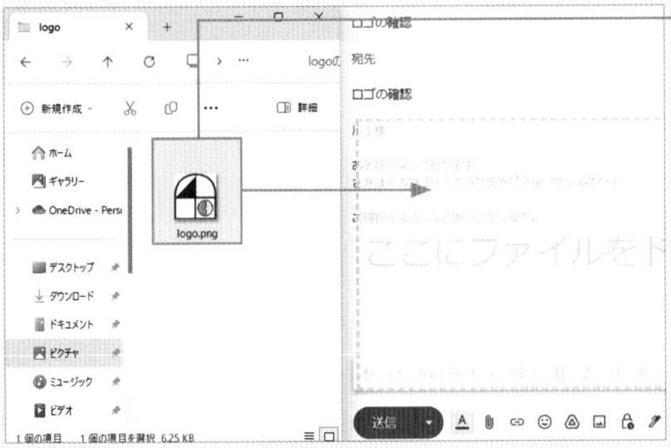

❶ メール本文の入力範囲にファイルをドラッグ&ドロップ

**Memo**
または、新規メール作成画面下の[ファイルを添付]ボタン（クリップのアイコン）をクリックし、添付したいファイルを指定する

## 誤送信を防ぐメールの常識

#メール受信　#正確性　#共有性

相手からいただいたメールに返事を送るときには、**返信メール**を使用します。メールアドレス入力の手間がなく必ず相手に届く、便利な機能です。

## メーラーの返信機能のしくみ

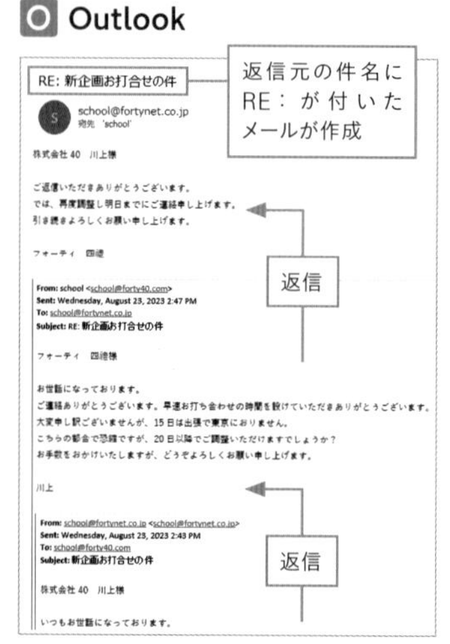


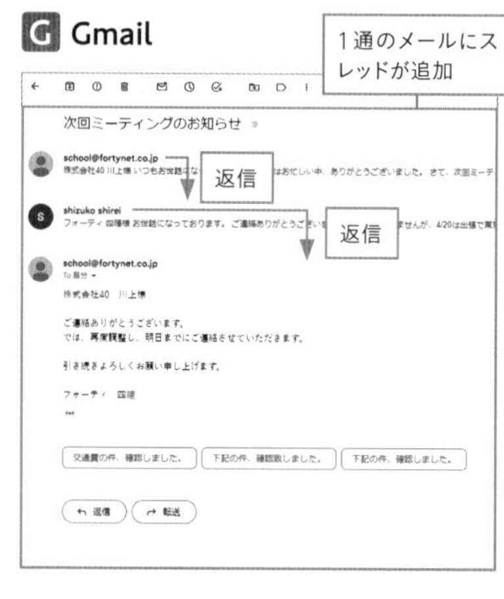


この返信機能は、上図のようにOutlookとGmailで若干異なりますが、下記の点は共通しています。

- 件名は基本的に変更しない（Outlookは件名の前に「RE：」が付く）
- 返信に返信、さらに返信……、とスレッドが残っていく

返信で大事なことは、**いただいたメールの内容を残す**こと。せっかく返信メールを出しても、過去のやりとりが消えてしまうと、どういう流れで話が進んでいるのかが、わからなくなります。

そのため、Outlookの初期値では**元のメッセージを残して返信メールを送る**設定になっています。ビジネスでは、このままの設定で返信しましょう。過去のやりとりが残るので、最新のメールのみ保存しておけば、**過去のメールは削除しても大丈夫**です。

Gmailは1通のメールにどんどんスレッドが追加されていきます。過去のやりとりを1通のメールで管理できるため、ムダにメールが増えていく

ことがありません。

なお、Outlookの返信機能で、過去のメッセージに「インデントを設定する」「記号を付ける」ことで、やりとりがわかりやすくなります。この設定変更は、メールのオプション画面で変更できます。



## インデントや記号を付けてやりとりを区別する

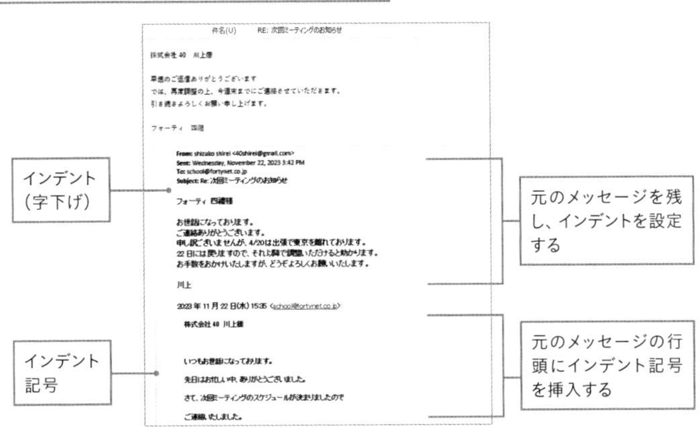


### 返信機能の設定を変更する ➡ Outlook

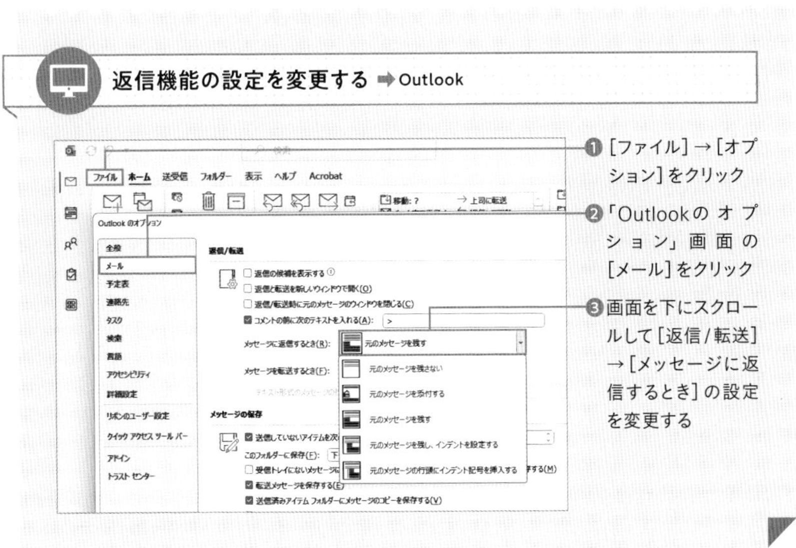

❶ [ファイル]→[オプション]をクリック
❷「Outlookのオプション」画面の[メール]をクリック
❸ 画面を下にスクロールして[返信/転送]→[メッセージに返信するとき]の設定を変更する

## 複数人宛にメールを送るためのキホン

#メール送信　#正確性　#共有性

メールで、特に注意が必要なのは、**複数人宛**のメールです。

メールの作成画面や［宛先］のボタンをクリックして連絡先を開くと、宛先欄のほかに**CC**（カーボンコピー）、**BCC**（ブラインドカーボンコピー）の欄があります。

### 宛先入力欄の「CC」と「BCC」

O Outlook

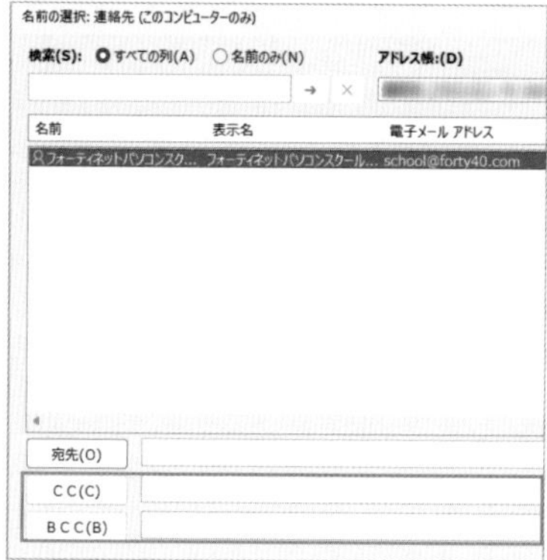


G Gmail

新規メッセージ
宛先
Cc
Bcc
件名

［宛先］欄に複数人のメールアドレスを入力することはできます。それでも、わざわざCC欄やBCC欄を使うのは、ちゃんと意味があります。これらの使い分けを理解し、複数人での情報共有が途切れないように注意しましょう。

### ● CC

CC欄に入れると「［宛先］欄の方とメインでやりとりしますが、CC欄の方たちにもメールの情報を共有します」という意味になります。たとえば、次のような場面で使用します（緑文字は宛先欄、赤文字はCC欄に入力）。

- 外部との仕事の進捗を上司にも報告しておきたい
- 先方とのやりとりをチームの皆にも情報共有しておきたい

**CC に入力したアドレスは公開**されます。メールを受信した人は、全員のメールアドレスを閲覧できるため、だれに送ったのかも確認できます。そのため、面識のない方同士を CC に含んでしまうと、メールアドレスを無断で公開したことになるので注意が必要です。

### ● BCC

一方、CC と異なり **BCC に入力したアドレスは非公開**です。メールを受信した人はこのメールが BCC の人にも送られていることはわかりません。面識がない複数の方へまとめてメールを送信するとき、お互いのアドレスは知られるとマズイときには BCC を使用し、アドレスを不用意に公開しないようにします。

なお、送られてきたメールの［宛先］にあなたのアドレス、［CC］に複数人のアドレスが入っている場合は、［返信］ではなく［全員に返信］を使用します。

**［ホーム］タブ→［返信］グループの［全員に返信］ボタン**

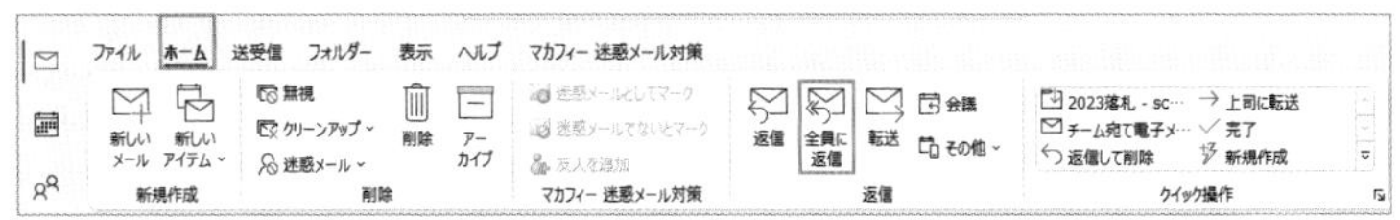


通常どおり［返信］メールで返すと、［宛先］欄のアドレスにしかメールは届きません。送信者がせっかく CC を利用して、複数人にメールを送信しているのに、その返事を CC の方たちは読めなくなってしまいます。返信の際には気を付けましょう。

定期的に同じメンバーに送るときは、メンバーの抜け漏れをなくすために **［グループ］での送信**をおすすめします（P.048 参照）。

## Outlookはメールサーバーの容量に気を配ろう

#メール受信　#共有性

ビジネスでメールを使うとなると、大抵はOutlookかGmailのどちらかになるでしょう。「だいたい同じようなものでしょ」と思いがちですが、それぞれ異なる特徴を持っています。大きく違うのは、**メールを送受信するしくみ**です。

### ● Outlook

Outlookはインターネット環境があって、メールアカウントを設定しているパソコンでのみ送受信が可能です。Outlookで使用しているメールアドレスをスマートフォンに登録すればスマートフォンでも送受信できます。

Gmailとの大きな違いは、**メールサーバーからメールをダウンロード**していること。一度受信した過去のメールは端末内に保存されます。よって、**インターネット接続がなくてもメールを閲覧できる**のです（あらたに送受信はできません）。ただし、メールを受信した時点でメールサーバーからメールがなくなります。

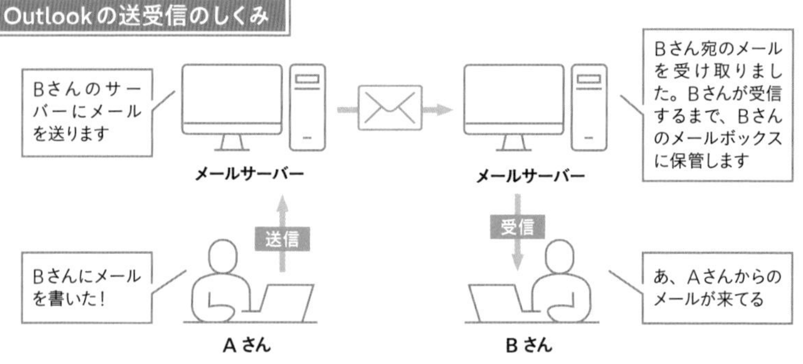
Outlookの送受信のしくみ
Bさんのサーバーにメールを送ります
メールサーバー
メールサーバー
Bさん宛のメールを受け取りました。Bさんが受信するまで、Bさんのメールボックスに保管します
送信
受信
Bさんにメールを書いた！
あ、Aさんからのメールが来てる
Aさん
Bさん

### ● Gmail

Gmail は Web メールです。メールはすべてクラウド上にあります。ですから、Outlook と異なり、インターネット環境がなければ、基本的に閲覧もできません（オフライン設定にするなど、例外はあります）。

逆に言えば、インターネット環境さえあれば、Google にログインすることで、**どこからでも送受信**ができます。パソコンだけでなくスマートフォンからも送受信できるので、外出先でのメールチェックなどが便利です。

**Gmailの送受信のしくみ**

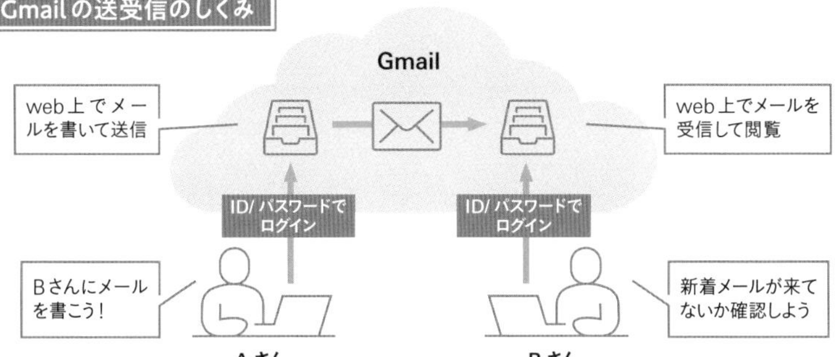
Gmail
web上でメールを書いて送信
web上でメールを受信して閲覧
ID/パスワードでログイン
ID/パスワードでログイン
Bさんにメールを書こう!
新着メールが来てないか確認しよう
Aさん
Bさん

このとき気になるのは「自宅のパソコンと会社のパソコン、**両方のOutlook でメールを受信する**には、どうすればいいの？」ということでしょう。さきほど説明したとおり、Outlook はメールを受信した時点でメールサーバーからメールがなくなります。つまり、複数端末で同じメールアドレスのメールを受信したい場合は、メール受信後も**メールサーバーにメールを残す設定**にしなければなりません。

また、サーバーにメールを残す場合、永久に残すとメールサーバーがパンクしてしまうので、**日数を指定してサーバーのメールを削除**できます。

## サーバーにメールを残す／削除する日数を指定する ➡ Outlook

### O Outlook

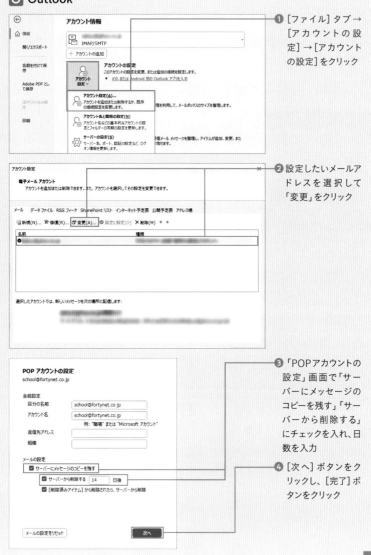

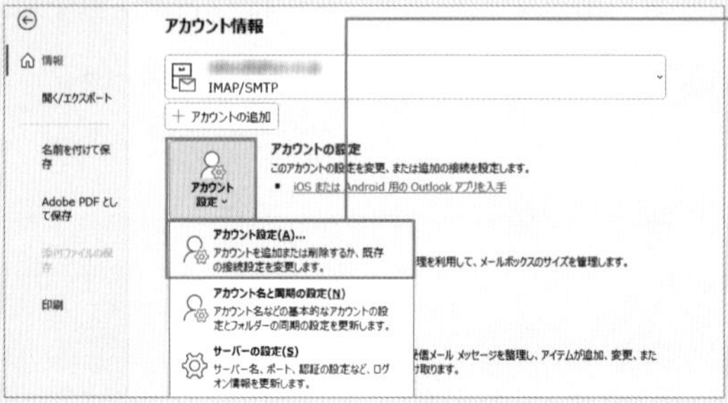

アカウント情報
IMAP/SMTP
＋ アカウントの追加
アカウントの設定
このアカウントの設定を変更、または追加の接続を設定します。
iOS または Android 用の Outlook アプリを入手
アカウント設定(A)...
アカウントを追加または削除するか、既存の接続設定を変更します。
アカウント名と同期の設定(N)
アカウント名などの基本的なアカウントの設定とフォルダーの同期の設定を更新します。
サーバーの設定(S)
サーバー名、ポート、認証の設定など、ログオン情報を更新します。

❶ [ファイル] タブ→[アカウントの設定]→[アカウントの設定] をクリック

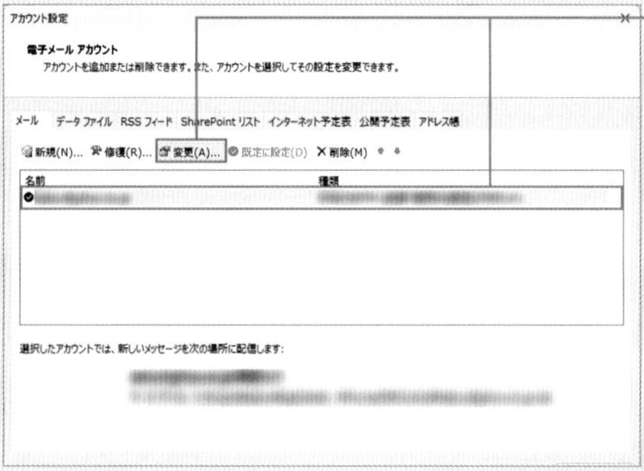

アカウント設定
電子メール アカウント
アカウントを追加または削除できます。また、アカウントを選択してその設定を変更できます。
メール データ ファイル RSS フィード SharePoint リスト インターネット予定表 公開予定表 アドレス帳
新規(N)... 修復(R)... 変更(A)... 既定に設定(D) 削除(M)
名前 種類
選択したアカウントでは、新しいメッセージを次の場所に配信します:

❷ 設定したいメールアドレスを選択して「変更」をクリック

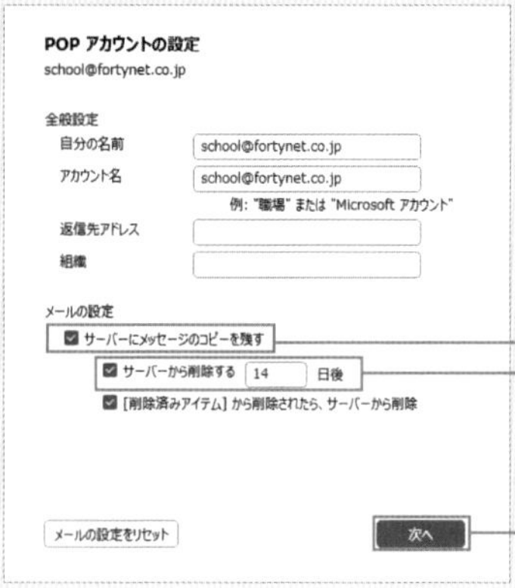

POP アカウントの設定
school@fortynet.co.jp
全般設定
自分の名前 school@fortynet.co.jp
アカウント名 school@fortynet.co.jp
例: "職場" または "Microsoft アカウント"
返信先アドレス
組織
メールの設定
☑ サーバーにメッセージのコピーを残す
☑ サーバーから削除する 14 日後
☑ [削除済みアイテム] から削除されたら、サーバーから削除
メールの設定をリセット
次へ

❸「POPアカウントの設定」画面で「サーバーにメッセージのコピーを残す」「サーバーから削除する」にチェックを入れ、日数を入力

❹ [次へ] ボタンをクリックし、[完了] ボタンをクリック

COLUMN

## 毎日のメール処理はショートカットキーを駆使しよう

メールの作成や不要なメールの削除は毎日の業務です。ここはぜひショートカットキーを使ってすばやく処理しましょう。

と言っても、仕事を覚えたてのころは「自分の業務に精一杯で、なかなかショートカットキーを覚える余裕がない……」ということも多いと思います。そこで、最低限下記を覚えておけば、すぐに役立ちます。

| | Outlook | Gmail |
|---|---|---|
| メールの新規作成 | Ctrl＋Nキー | Cキー |
| 複数メールの選択 | Shift＋↓キー | Xキー（↑↓で選択） |
| メールの一発抹消 | Shift＋Deleteキー | |

ただし、Gmaiでショートカットキーを使用する場合、先に「ショートカットキーを有効にする」設定にしなければなりません。

### ショートカットキーを有効にする ➡ Gmail

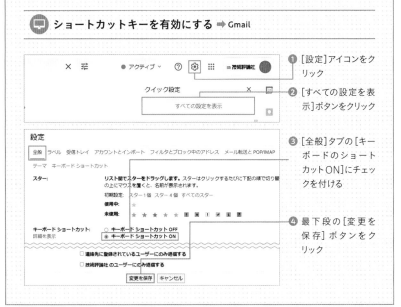

❶［設定］アイコンをクリック

❷［すべての設定を表示］ボタンをクリック

❸［全般］タブの［キーボードのショートカットON］にチェックを付ける

❹最下段の［変更を保存］ボタンをクリック

CHAPTER 01-02

# 同じ言葉や文面を「ゼロから手入力」するのはやめよう

## 根本的なスピードアップを図るには「入力数」を減らす

#メール送信　#正確性　#スピード

メール作成時間を短縮するためには、**入力のスピードアップ**が必須です。では、どうすれば文字入力の速度を向上できるでしょうか？

タイピングを鍛えるのも手ですが、即効でスピードアップするには、日本語入力ソフトIMEの**単語登録**を活用しましょう。これはWindowsに付属しているソフトですので、どのメーラーでも使える機能です。

あいさつ文のように何度も使う定型文は、短縮の「よみ」をあらかじめ登録しておきましょう。たとえば、「いつおせ」を登録して、「いつもお世話になっております。」が自動的に表示されるようにします。

### 単語登録で入力する文字数を省略!

川上様↵
↵
いつおせ↵

1 いつもお世話になっております。
2 いつおせ
3 "ituose"

次のようなあいさつ文をIMEの辞書に登録しておくと、メール作成スピードが向上します。

| 単語 | よみ |
| --- | --- |
| **いつもお世話になっております。** | いつおせ |
| **いつもありがとうございます。** | いつあり |
| **引き続きよろしくお願い申し上げます。** | ひきよろ |
| **ご確認をよろしくお願い申し上げます。** | かくよろ |

また、入力スピードだけではなく入力ミスを防げることも単語登録を使うメリット。よって、「くり返し使用する」「まちがえたくない」以下のような単語も登録をおすすめします。

- カタカナやアルファベットが混在する会社名・商品名
- よくメールを送る会社名
- 変換しにくい氏名

**IMEの「単語登録」で単語を追加する ➡ Windows**

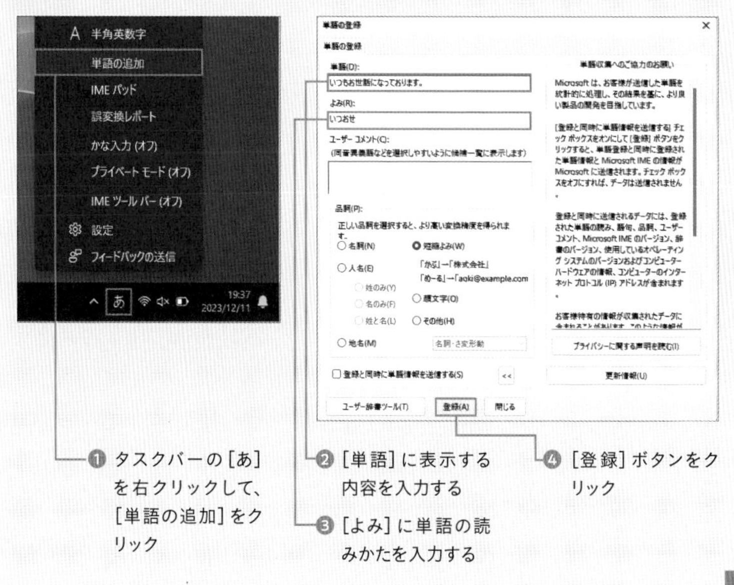

## 署名を相手先にあわせて瞬時に切り替える方法

#メール送信　#スピード　#共有性

メール末尾に付ける署名は、**先方の手間を省く要素**です。メールに署名が掲載されていれば、名刺をわざわざ探さなくても、すぐに電話をかけたりWebサイトを確認できたりします。

さっそく、自分用の署名を作成してみましょう。Windowsの［スタートボタン］→［すべてのアプリ］→［メモ帳］アプリを開きます。署名の文面は、名刺に記載されている内容に合わせて作成するとよいでしょう。署名の前後に挿入する区切り線も含めて作成します。

**作成した署名例**

社外用の署名

```
★♪♪♪♪♪♪♪♪♪★☆★♪♪♪♪♪♪♪♪♪★
完全マンツーマン授業の
　　フォーティネット　パソコンスクール
〒111-0034
東京都台東区雷門二丁目19-17　雷一ビル612
有限会社　フォーティ
TEL　03-3842-6453
★♪♪♪♪♪♪♪♪♪★☆★♪♪♪♪♪♪♪♪♪★
```

社内用の署名

```
------------------------------
スクール事業部　研修担当
四禮　静子（しれい　しずこ）
shirei@fortynet.co.jp
内線　6453
------------------------------
```

ここで作成した署名は、メールを新規作成したときに**自動で署名が表示**されるように登録しましょう。

## 署名を登録する ➡ Outlook ／ Gmail

### O Outlook

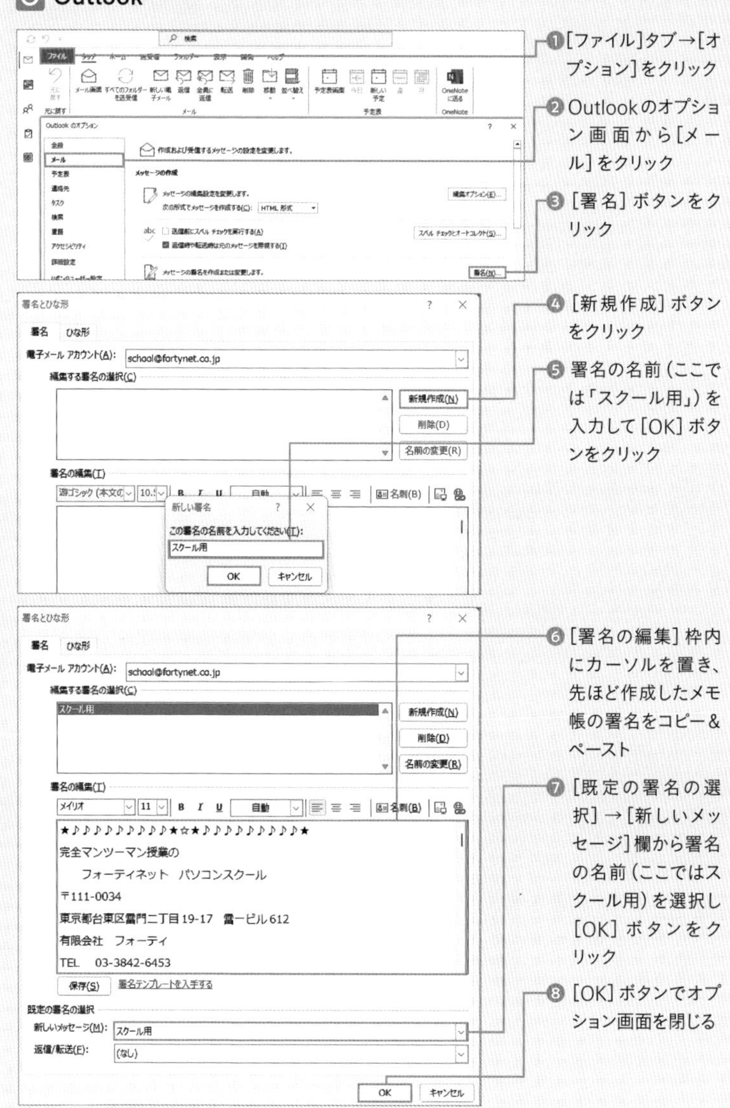

❶[ファイル]タブ→[オプション]をクリック
❷Outlookのオプション画面から[メール]をクリック
❸[署名]ボタンをクリック
❹[新規作成]ボタンをクリック
❺署名の名前(ここでは「スクール用」)を入力して[OK]ボタンをクリック
❻[署名の編集]枠内にカーソルを置き、先ほど作成したメモ帳の署名をコピー&ペースト
❼[既定の署名の選択]→[新しいメッセージ]欄から署名の名前(ここではスクール用)を選択し[OK]ボタンをクリック
❽[OK]ボタンでオプション画面を閉じる
署名とひな形
電子メール アカウント(A): school@fortynet.co.jp
新しい署名
この署名の名前を入力してください(T):
スクール用
★♪♪♪♪♪♪♪♪♪★☆★♪♪♪♪♪♪♪♪♪★
完全マンツーマン授業の
フォーティネット パソコンスクール
〒111-0034
東京都台東区雷門二丁目19-17 雷一ビル612
有限会社 フォーティ
TEL 03-3842-6453

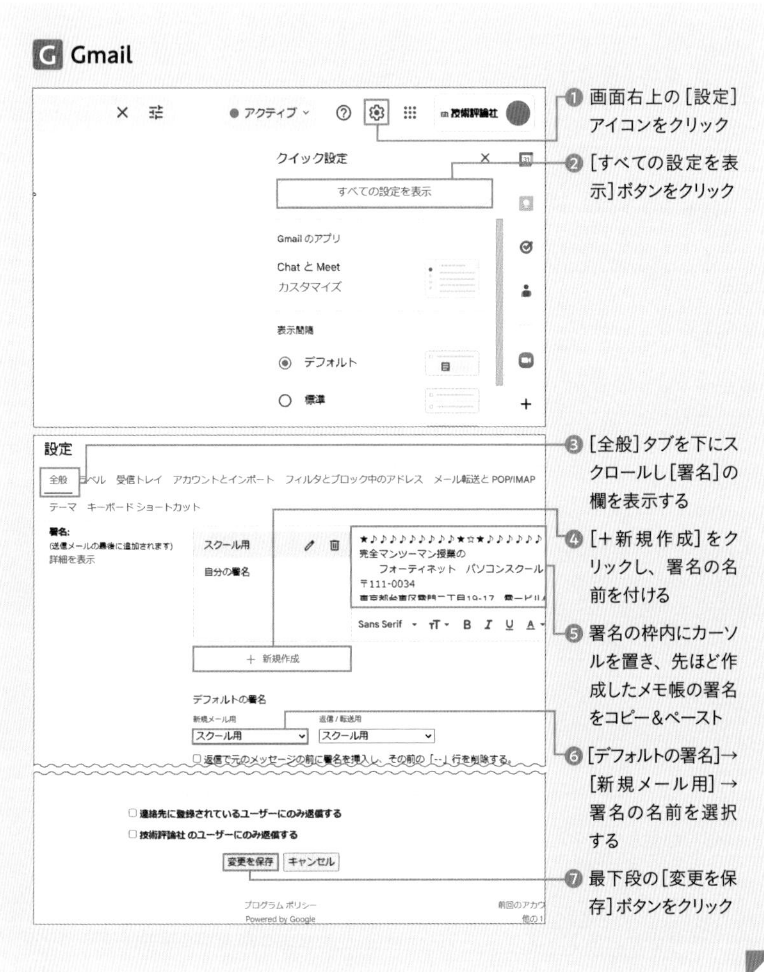
Gmail
アクティブ
技術評論社
クイック設定
すべての設定を表示
Gmail のアプリ
Chat と Meet
カスタマイズ
表示間隔
デフォルト
標準
❶画面右上の［設定］アイコンをクリック
❷［すべての設定を表示］ボタンをクリック
設定
全般　ラベル　受信トレイ　アカウントとインポート　フィルタとブロック中のアドレス　メール転送と POP/IMAP
テーマ　キーボード ショートカット
署名:
(送信メールの最後に追加されます)
詳細を表示
スクール用
自分の署名
★♪♪♪♪♪♪♪♪♪★☆★♪♪♪♪♪♪
完全マンツーマン授業の
フォーティネット　パソコンスクール
〒111-0034
＋ 新規作成
デフォルトの署名
新規メール用
返信 / 転送用
スクール用
スクール用
返信で元のメッセージの前に署名を挿入し、その前の「--」行を削除する。
連絡先に登録されているユーザーにのみ返信する
技術評論社 のユーザーにのみ返信する
変更を保存　キャンセル
プログラム ポリシー
Powered by Google
❸［全般］タブを下にスクロールし［署名］の欄を表示する
❹［＋新規作成］をクリックし、署名の名前を付ける
❺署名の枠内にカーソルを置き、先ほど作成したメモ帳の署名をコピー&ペースト
❻［デフォルトの署名］→［新規メール用］→署名の名前を選択する
❼最下段の［変更を保存］ボタンをクリック

登録した複数の署名を使い分けるには、次のように操作します。

## 複数の署名を切り替える ➡ Outlook ／ Gmail

### O Outlook

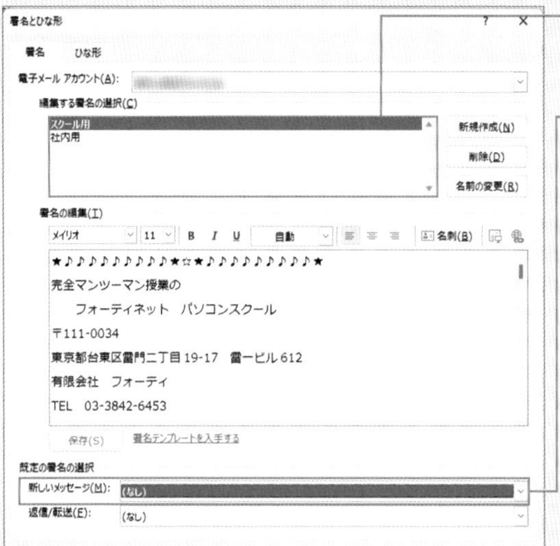

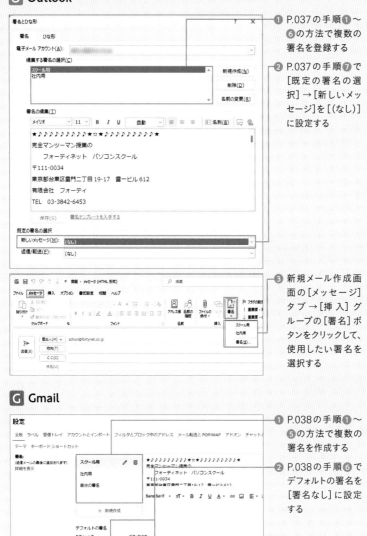

❶ P.037の手順❶〜❻の方法で複数の署名を登録する

❷ P.037の手順❼で[既定の署名の選択]→[新しいメッセージ]を[(なし)]に設定する

❸ 新規メール作成画面の[メッセージ]タブ→[挿入]グループの[署名]ボタンをクリックして、使用したい署名を選択する

### G Gmail

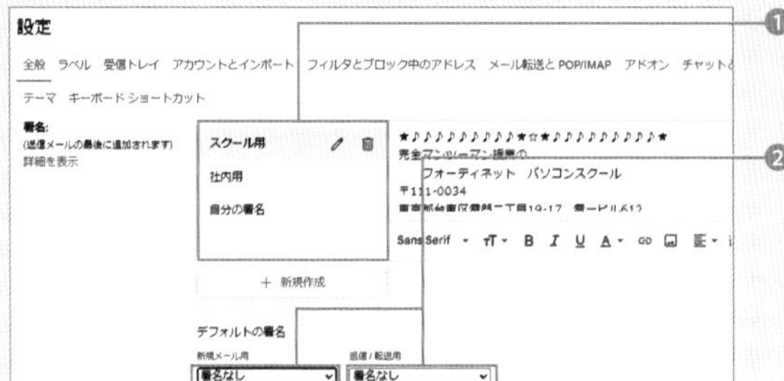


❶ P.038の手順❶〜❺の方法で複数の署名を作成する

❷ P.038の手順❻でデフォルトの署名を[署名なし]に設定する

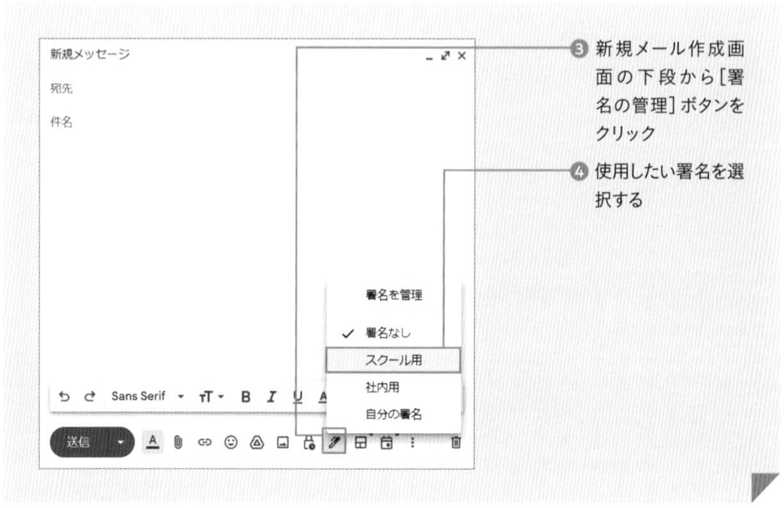


## 自分専用のひな形を作成してスピードアップを図る

#メール送信　#正確性　#スピード

メール作成に慣れてきたころには、

**「いつも同じメンバーに同じ文面を送っているな……」**

と感じる場面が発生するでしょう。たとえば、毎週開催される会議の議事録を、会議のメンバーに送信するケースなどです。

このような場合、毎回ゼロからメールを作成するのは明らかにめんどうですね。実際にスクールでも「何かいい方法はないですか？」というご質問をよくいただきます。

くり返し使用する文面は**ひな形**として登録できます。文面だけでなく件名も登録できるので、早いうちに効率化させてしまいましょう。

## メールのひな形を登録する ➡ Outlook ／ Gmail

### Outlook

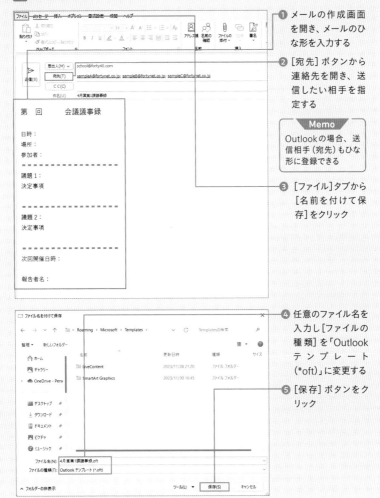

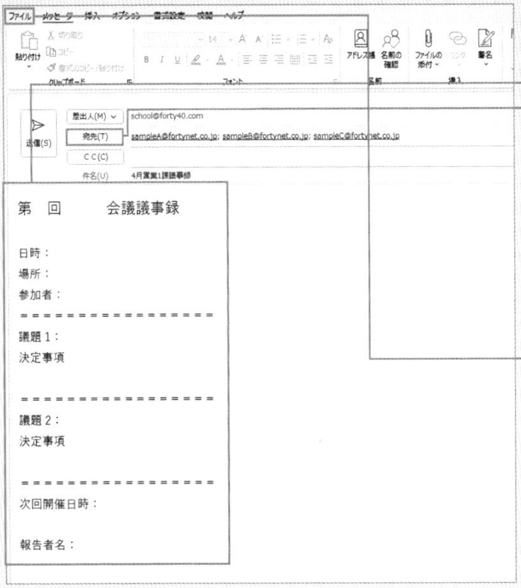

❶ メールの作成画面を開き、メールのひな形を入力する

❷ [宛先]ボタンから連絡先を開き、送信したい相手を指定する

**Memo**
Outlookの場合、送信相手(宛先)もひな形に登録できる

❸ [ファイル]タブから[名前を付けて保存]をクリック

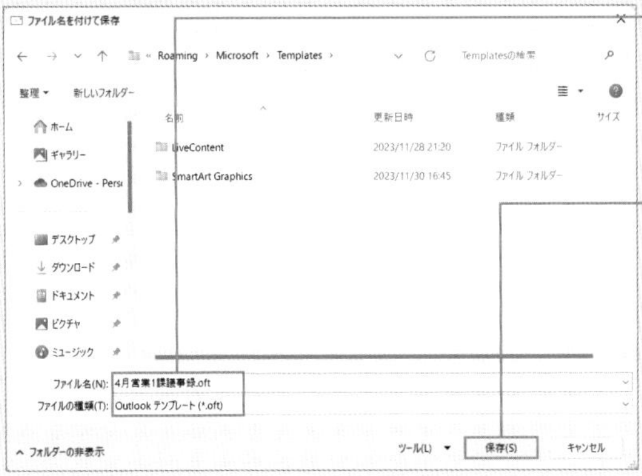

❹ 任意のファイル名を入力し[ファイルの種類]を「Outlookテンプレート(*oft)」に変更する

❺ [保存]ボタンをクリック

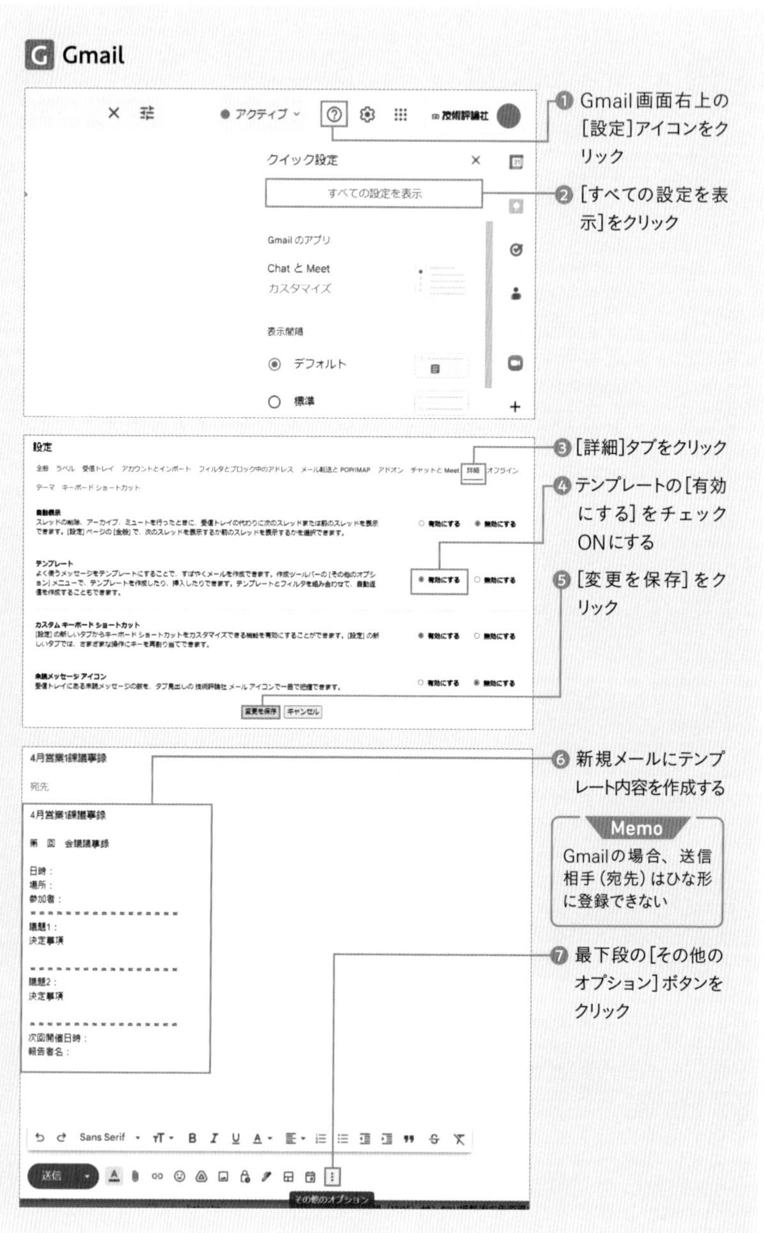

## G Gmail

アクティブ
クイック設定
すべての設定を表示
Gmail のアプリ
Chat と Meet
カスタマイズ
表示間隔
デフォルト
標準
設定
詳細
テンプレート
有効にする
無効にする
変更を保存
キャンセル
4月営業1課議事録
宛先
第　回　会議議事録
日時：
場所：
参加者：
議題1：
決定事項
議題2：
決定事項
次回開催日時：
報告者名：
送信
その他のオプション


❶ Gmail画面右上の[設定]アイコンをクリック

❷ [すべての設定を表示]をクリック

❸ [詳細]タブをクリック

❹ テンプレートの[有効にする]をチェックONにする

❺ [変更を保存]をクリック

❻ 新規メールにテンプレート内容を作成する

**Memo**

Gmailの場合、送信相手（宛先）はひな形に登録できない

❼ 最下段の[その他のオプション]ボタンをクリック

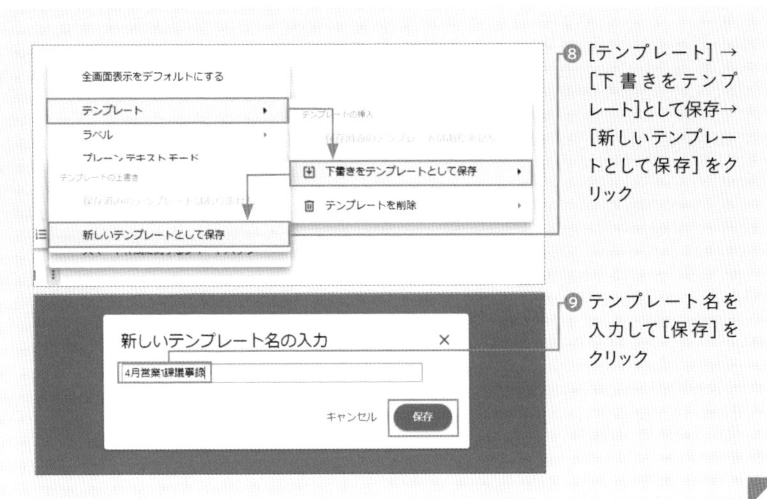


❽[テンプレート]→[下書きをテンプレート]として保存→[新しいテンプレートとして保存]をクリック

❾テンプレート名を入力して[保存]をクリック



## 登録したひな形を送信する ➡ Outlook / Gmail

### Outlook

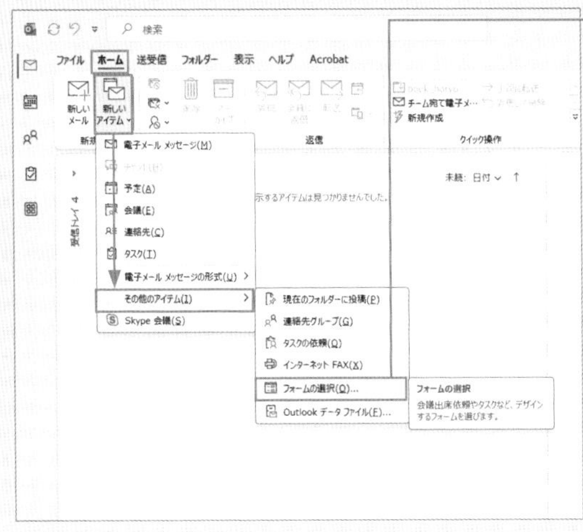


❶[ホーム]タブ→[新規作成]グループの[新しいアイテム]→[その他のアイテム]→[フォームの選択]をクリック

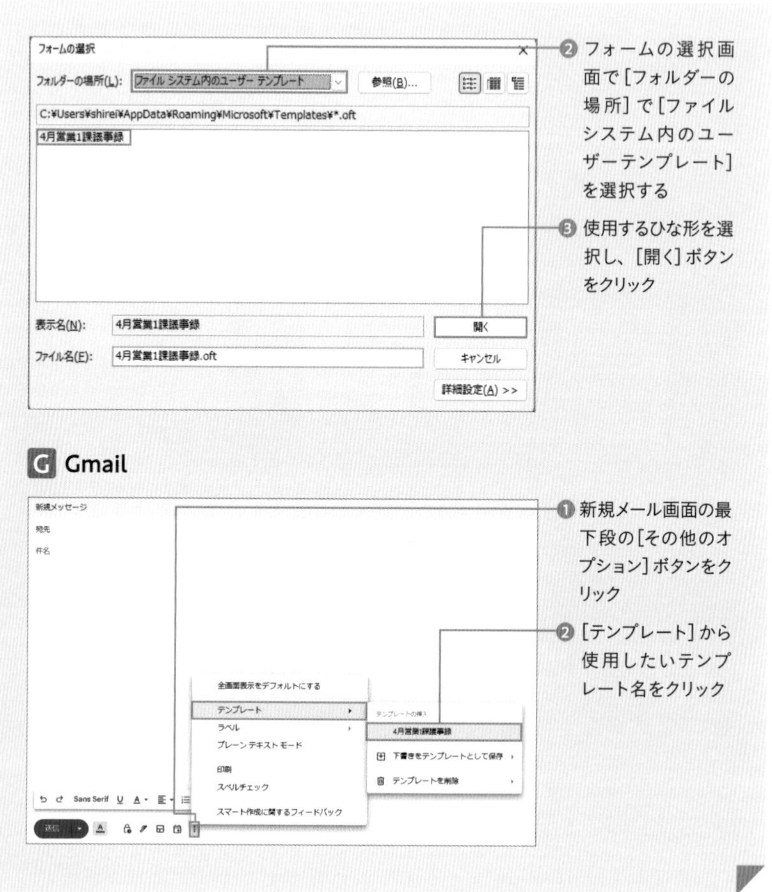


COLUMN

## 意外と知られていない「文字変換」のコツ

タイピングは上手でも変換をうまく使いこなせない、という方が多くいます。なんでもスペースキーで変換するのではなく、ファンクションキーも活用しましょう。

| 漢字変換 | スペースキー |
| --- | --- |
| ひらがな変換 | F6 キー |
| 全角カタカナ | F7 キー |
| 半角カタカナ | F8 キー |
| 全角アルファベット・記号 | F9 キー |
| 半角アルファベット・記号 | F10 キー |

特に F10 キーのひらがな→半角アルファベット変換は便利です。

「入力モードを切り替えておけばいいのでは？」と思いがちですが、入力モードが「あ」の状態でついつい英字を入力してしまうことはよくあります。たとえば、ローマ字入力の状態で「digital」を入力してしまい「ぢぎたｌ」と表示される。そして、あわてて削除して、入力モードを切り替えて再入力……なんてことをしていませんか？

わざわざ削除しなくても、「ぢぎたｌ」の状態で F10 キーを押せば「digital」と入力したとおりのスペルが表示されます。さらに、F10 キーを連打すれば、小文字→大文字→頭文字のみ大文字をくり返し変換できます。これは、F9 キーでも同じです。

### ▼ F10 キーを連打してみよう

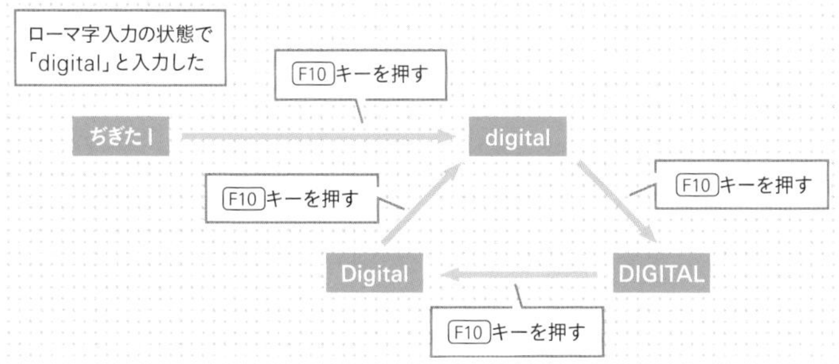
ローマ字入力の状態で
「digital」と入力した
F10キーを押す
ぢぎたｌ
digital
F10キーを押す
F10キーを押す
Digital
DIGITAL
F10キーを押す

ちなみに「変換」を活用すれば、郵便番号から住所を入力できます。入力モードが「あ」の状態で郵便番号を入力し、スペースキーを押して変換すると住所が表示されます。

CHAPTER 01-03

# 送り先をまちがえず、すばやく指定する方法

## 早く正確に送るには「連絡先」の管理から

#メール送信　#正確性　#スピード　#共有性

今後お付き合いがはじまる方は、名刺交換をしてメールアドレスを**連絡先**に登録します。連絡先はどんどん増えていくので、アドレスを探すのも手間になります。どうやったら連絡先を整理できるのか、私も試行錯誤しました。その結果、次のようなルールで登録しています。

### 連絡先の管理方法

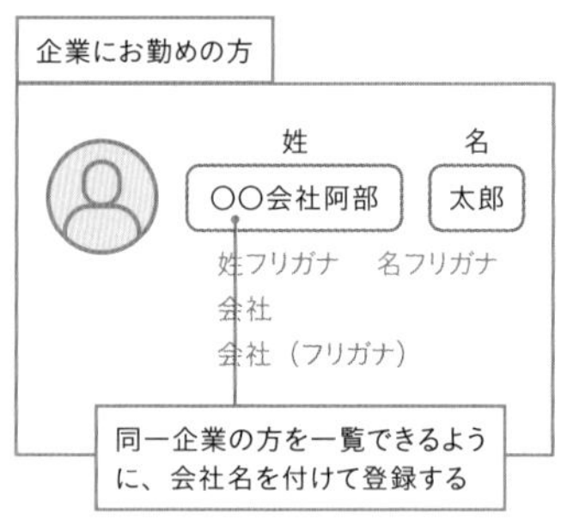


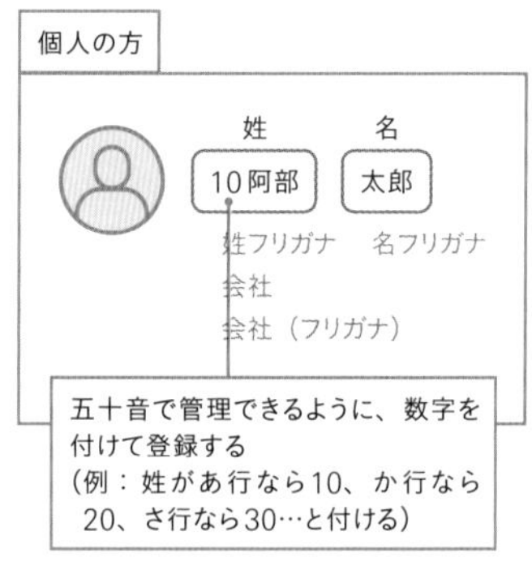


※Gmailは「名」の昇順で並び替えられるので、「姓」と「名」を逆に入力するなどの工夫が必要

自分の中でどのようなルールにすると整理しやすいのか、業務に合わせて考えてみるとよいでしょう。名刺を交換したばかりの方の連絡先を登録するには、次の手順で操作します。

## 連絡先を新規登録する ➡ Outlook ／ Gmail

### O Outlook

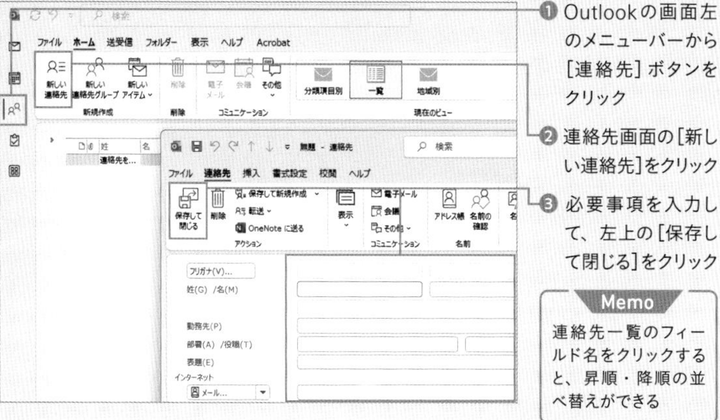

❶ Outlookの画面左のメニューバーから[連絡先]ボタンをクリック

❷ 連絡先画面の[新しい連絡先]をクリック

❸ 必要事項を入力して、左上の[保存して閉じる]をクリック

**Memo**

連絡先一覧のフィールド名をクリックすると、昇順・降順の並べ替えができる

### G Gmail

❶ Googleトップページから[Googleアプリ]→[連絡先]をクリック

❷ [連絡先を作成]→[連絡先を作成]をクリック

❸ 必要事項を入力して、右上の[保存]をクリック

**Point**

Googleの連絡先は名前の昇順で並びます。表示項目の列は入れ替えられますが、1列目の名前は変更できません。

すでに相手からメールをいただいていれば、その**メールから「連絡先」に登録**することもできます。Outlookは下記の手順で登録できますし、Gmailはメールに返信すれば自動で登録されます。

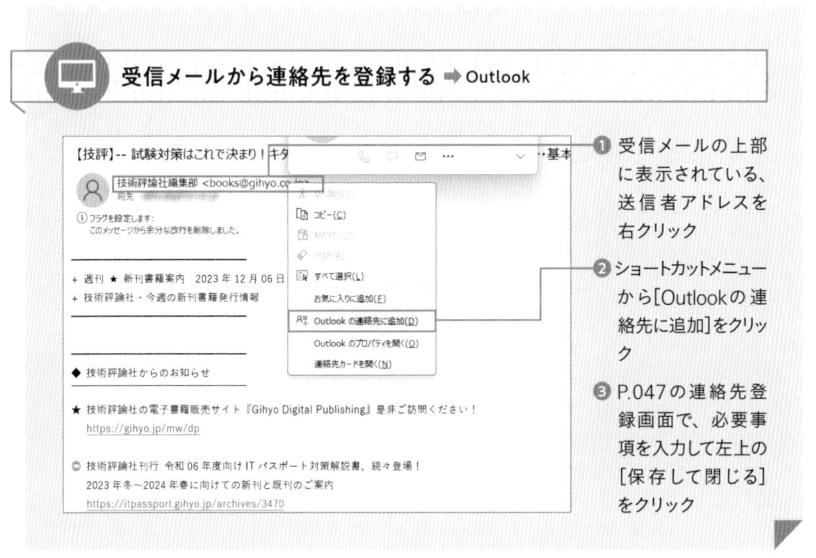


## 複数人に送るならメーラーの機能で抜け漏れを防ぐ

#メール送信　#正確性　#スピード　#共有性

いつも同じメンバーにメールを送信する場合、あらかじめ**グループ**を作成してアドレスを登録しておきましょう。

通常どおり複数人のアドレスを1つひとつ追加すると**「送るべき人のアドレスが抜けてしまった！」**というミスが起こりがちです。そうすると、返信時は「全員に返信」を使用するため、一度漏れた人にはずっとメールが届きません。

そういったミスを防ぐためにも、くり返しメールをやりとりするメンバーは「グループ」に入れておくことをおすすめします。いったんグループを作成しておけば、その**グループを宛先に指定すればいいだけ**。１人ひとり選択して宛先に入れる手間も省けます。



### グループ名で入力すればミスも起きない

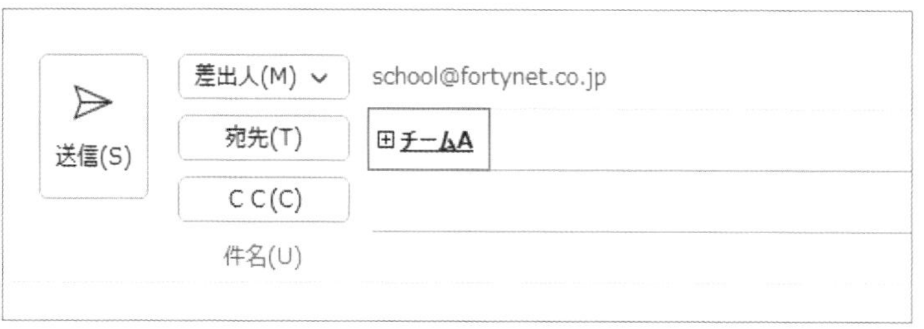


## 連絡先グループを作成する ➡ Outlook ／ Gmail

### Outlook

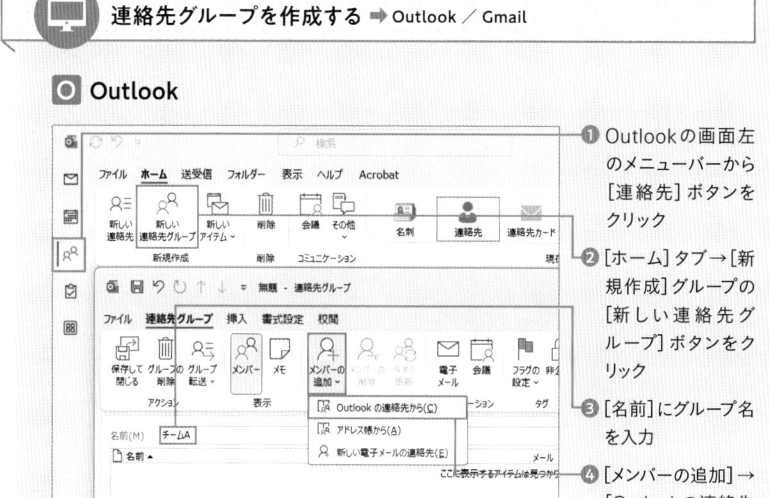


❶ Outlookの画面左のメニューバーから[連絡先]ボタンをクリック

❷ [ホーム]タブ→[新規作成]グループの[新しい連絡先グループ]ボタンをクリック

❸ [名前]にグループ名を入力

❹ [メンバーの追加]→[Outlookの連絡先から]をクリック

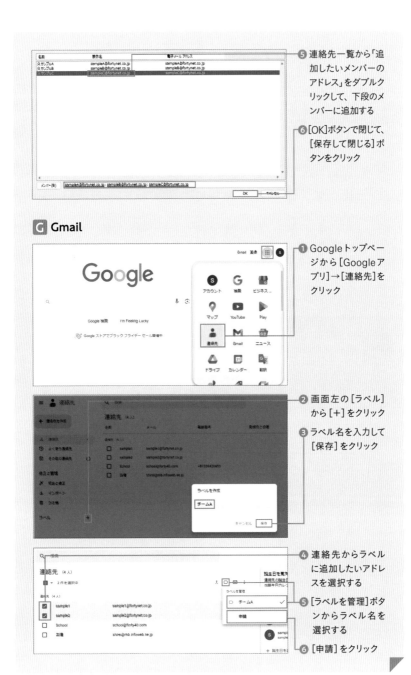

⑤連絡先一覧から「追加したいメンバーのアドレス」をダブルクリックして、下段のメンバーに追加する

⑥[OK]ボタンで閉じて、[保存して閉じる]ボタンをクリック

## G Gmail

①Googleトップページから[Googleアプリ]→[連絡先]をクリック

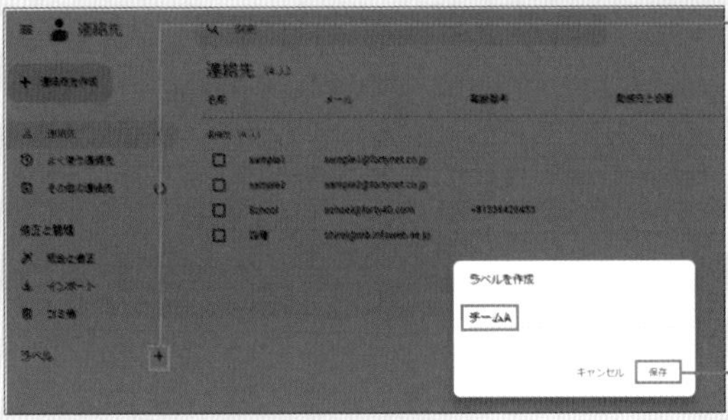

②画面左の[ラベル]から[+]をクリック

③ラベル名を入力して[保存]をクリック

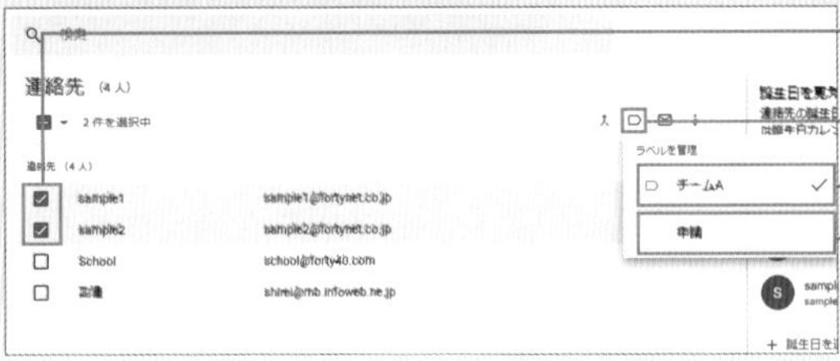

④連絡先からラベルに追加したいアドレスを選択する

⑤[ラベルを管理]ボタンからラベル名を選択する

⑥[申請]をクリック

## グループを宛先に入力する ➡ Outlook ／ Gmail

### O Outlook

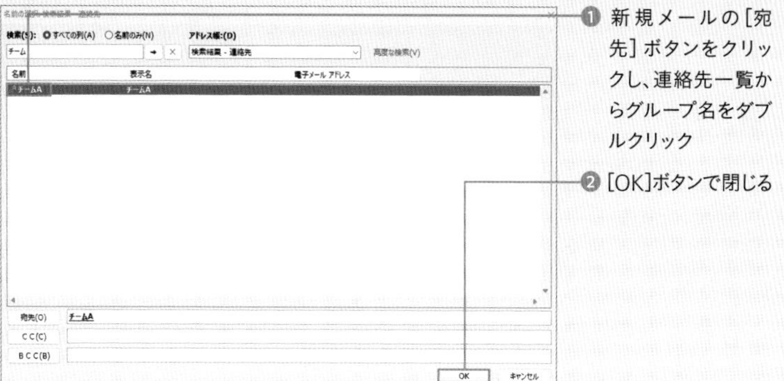

❶ 新規メールの[宛先] ボタンをクリックし、連絡先一覧からグループ名をダブルクリック

❷ [OK]ボタンで閉じる

#### Point

連絡先一覧から相手のアドレスやグループを探すのがたいへんなときは、[検索] に探したい文字を入力してEnterキーを押しましょう。その文字を含む結果が表示されます。

### G Gmail

❶ 新規メールの[宛先]にラベル名を入力

❷ 表示されたラベル名をクリック

CHAPTER 01-04

# 不要なメールを「すばやく的確に」処理するコツ

## 1日のはじまりは「不要なメールの削除」から

#メール受信　#メール管理　#正確性　#スピード

1日のはじめ、メーラーを起動したら最初におこなうのは**不要なメールの削除**です。社会人1年目の場合は、まだそんなにメールもたまっていないと思いますが、今のうちにメールを整理する癖をつけておきましょう。不要だと思われるメールをたくさん残したままだと、

- 本当に必要なメールを、あとから探すのがたいへんになる
- メールソフトの容量が膨大になってしまう（特にGmailの場合は容量の制限がある）

などの弊害があります。受信トレイに入ってくるメールから不要なメールをすばやく削除する方法を身につけましょう。

あなたにとって不要なメールとは、具体的にどのようなものでしょうか？　おもに、以下の3点が削除対象になります。

- 迷惑メール
- 不要なDMメール
- （Outlookの場合）返信でやりとりした過去のメール

これらはできる限り**まとめて削除してフォルダーに残さない**ようにします。

Outlookの場合、Deleteキーを押すと選択したメールが「削除済みアイテムフォルダー」に移動します。複数のメールをまとめて削除するには、

最初のメールをクリックして選択したら、最後のメールをShiftキーを押しながらクリックし、**複数メールを選択したうえでDeleteキー**を押します。

なお、削除済みアイテムフォルダーに移動したメールは、パソコンから抹消されるわけではありません。必要であればいつでも閲覧できますし、受信トレイやその他のフォルダーに戻すこともできます。再度削除しない限りは、フォルダーに残ります。

Gmailの場合は、メール右側のゴミ箱ボタンをクリックします。まとめて削除するには、**メール一番左のチェックをONにし上部のゴミ箱をクリックします。**ゴミ箱に移動したメールは**30日後に自動的に削除**されます。まちがって削除したメールは早めに移動をしておきましょう。

## まとめて削除する方法

### Outlook

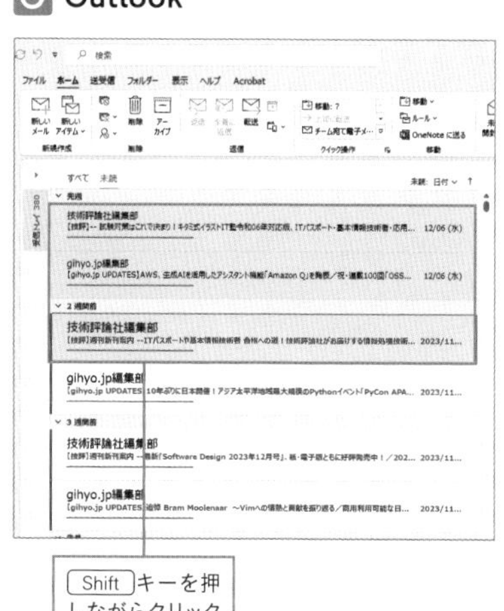


### Gmail

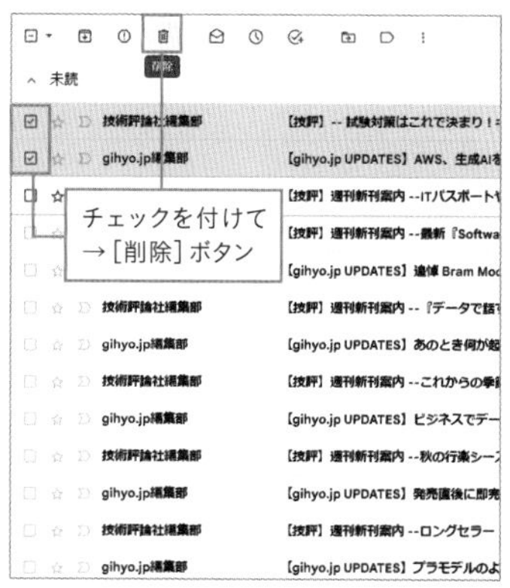


さらにOutlookは「同じ差出人」のメールをまとめて削除できます。同一人物から送られてきた迷惑メールやDMなどは、この方法で削除すると便利ですね。

## 同じ差出人の不要なメールをまとめて削除する ➡Outlook

### O Outlook

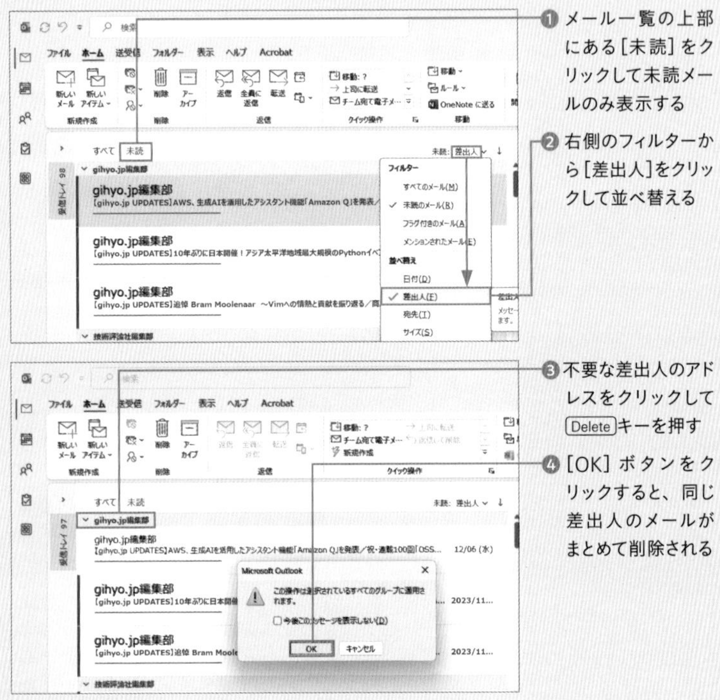

❶メール一覧の上部にある[未読]をクリックして未読メールのみ表示する

❷右側のフィルターから[差出人]をクリックして並べ替える

❸不要な差出人のアドレスをクリックして Delete キーを押す

❹[OK]ボタンをクリックすると、同じ差出人のメールがまとめて削除される

**Point**

手順❸で、Delete キーではなく、Shift + Delete キーを使用すると、削除済みアイテムフォルダーに移動せず、そのまま削除できます。削除済みアイテムフォルダーから再度削除する手間は省けますが、まちがえて削除してしまった場合、復元ができません。Shift + Delete キーの削除は便利ですがくれぐれも気を付けましょう。

## 返信が必要なメールにフラグを立てる

#メール受信　#メール管理　#正確性　#スピード

不要なメールを削除した後は、それぞれのメールを処理していきます。

急ぎの案件や返信をしなければならないメールを見落とさないように、返信が必要なメールには**フラグ**（Gmail では**スター**）を立てておき、返信メールを送信した後にフラグを外していきます。いずれもフラグやスターをクリックすれば解除できます。

**Outlookの「フラグ」とGmailの「スター」**

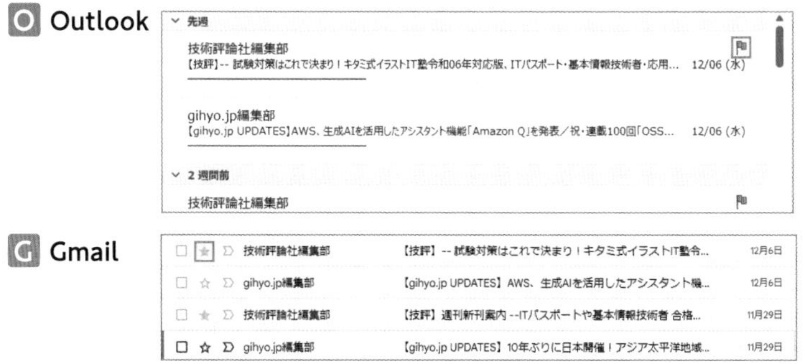


さらに「返信の緊急性がわかるようにしたい！」と思ったとき、Outlook のフラグは「今日」「明日」「今週中」……と詳細に分類できます。急ぎでないけれど忘れずに処理したい案件は「日付なし」、今週中に処理すればいい案件には「今週中」のフラグなど、フラグの種類も使い分けましょう。

一方、Gmail の場合は、スターの「色」で分類できます。色にどのような意味を持たせるかは自分で決めておきましょう。

## さまざまな種類のフラグ（スター）を付ける ➡ Outlook ／ Gmail

### O Outlook

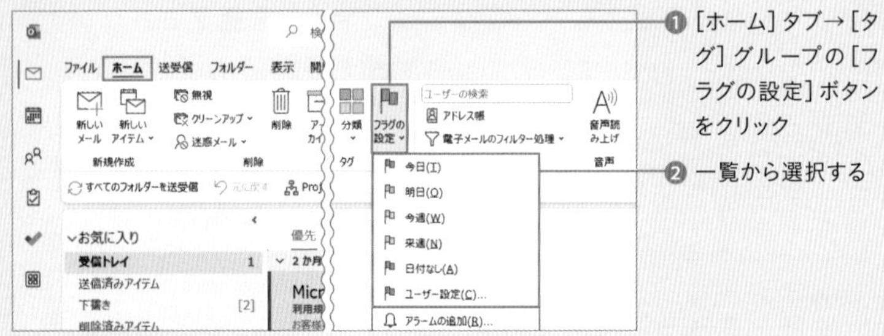


❶［ホーム］タブ→［タグ］グループの［フラグの設定］ボタンをクリック

❷一覧から選択する

**Point**

もし、Googleと同様に色で分類したい場合は、下記の手順で操作できます。

❶［ホーム］タブ→［タグ］グループの［分類］ボタンから色を選択

❷「分類項目の名前の変更」画面で、任意の名前を入力

❸［OK］ボタンをクリック

### G Gmail

❶Gmail画面右上の［設定］ボタンをクリック

❷［すべての設定を表示］をクリック

❸設定画面を下にスクロールして「スター」の項目を表示する

❹未使用のスターを［使用中］へドラッグ

**Memo**

使用中に追加したスターは左右にドラッグして順番を入れ替え

❺最下段の［変更を保存］ボタンをクリック

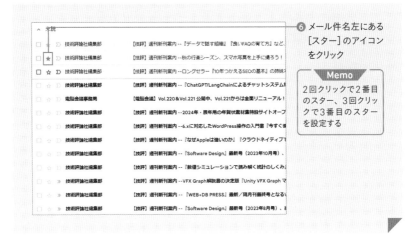

❻ メール件名左にある［スター］のアイコンをクリック

**Memo**
2回クリックで2番目のスター、3回クリックで3番目のスターを設定する

COLUMN

## 新着メールを見落とさないために

昨今は電話よりメールでの連絡が主流です。メールをなるべく早く返信しようとすると、1日に何度もメールチェックすることになります。しかし、メールが来ているかもわからないのに常に気を張り、いちいちOutlookを立ちあげてメールチェックするのは非常に手間です。

そこで、メールソフトは閉じたりせず**常駐（起動）**しましょう。開いていると、Outlookのアイコンがタスクバーに表示されて、新規メールが来たときはタスクバーのアイコンに封筒のアイコンが付きます。これを別の作業中にちらりと確認すれば、見逃しがありません。

▼新規メールが来たときのアイコン

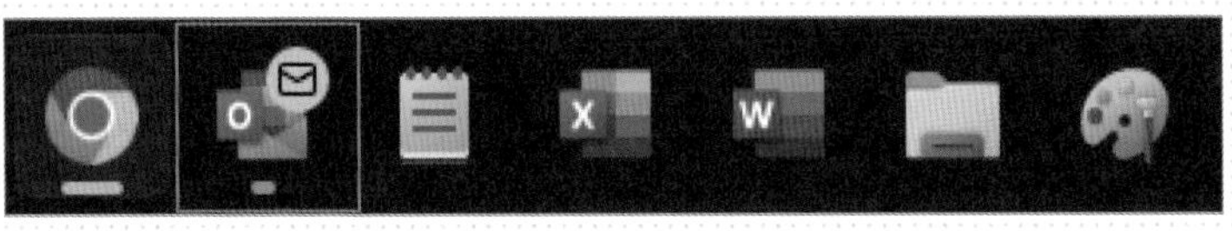

CHAPTER 01-05

# 必要なメールだけを すばやく閲覧する方法

## 受信したメールを「フォルダー（ラベル）」にまとめる

#メール受信　#メール管理　#正確性　#スピード　#共有性

Outlook も Gmail も、受信したすべてのメールは「受信トレイ」に入っていきます。しかし、

**「○○プロジェクトに関するメールだけ閲覧したい」**
**「△△さんとのやりとりを確認したい」**

というときは、すべてのメールが表示されたままだと閲覧しにくいですね。そこで**フォルダー**（Gmail では**ラベル**）を活用します。ここでは、受信トレイの中に「技評」のフォルダーを作成してみます。

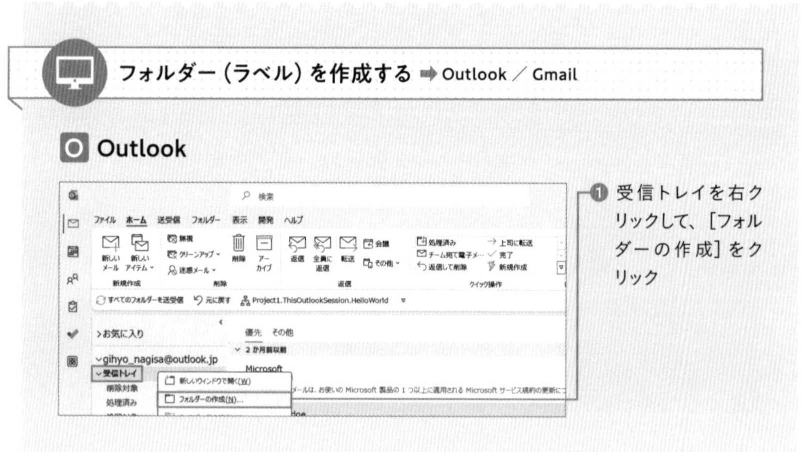

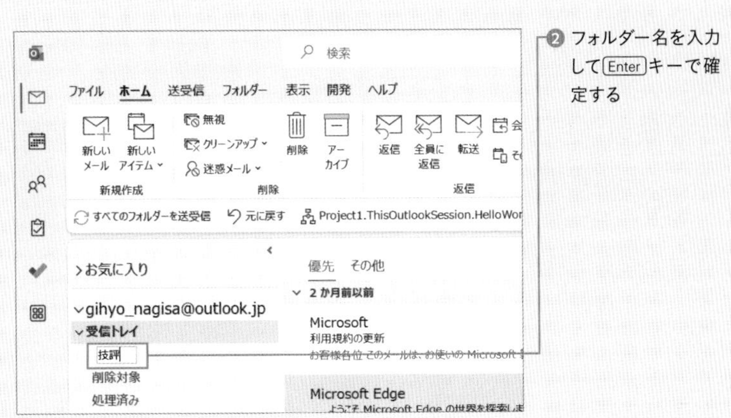

❷ フォルダー名を入力して Enter キーで確定する


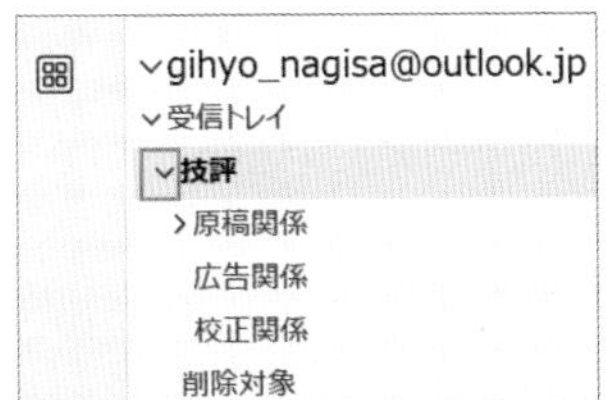

**Point**

フォルダーの中に、さらにフォルダー（サブフォルダー）を作成できます。サブフォルダーがあるフォルダーには［>］のマークが表示され、サブフォルダーがあることを教えてくれます。［>］や［∨］をクリックすることで、下位レベルのフォルダーの表示／非表示を切り替えられます。

## G Gmail

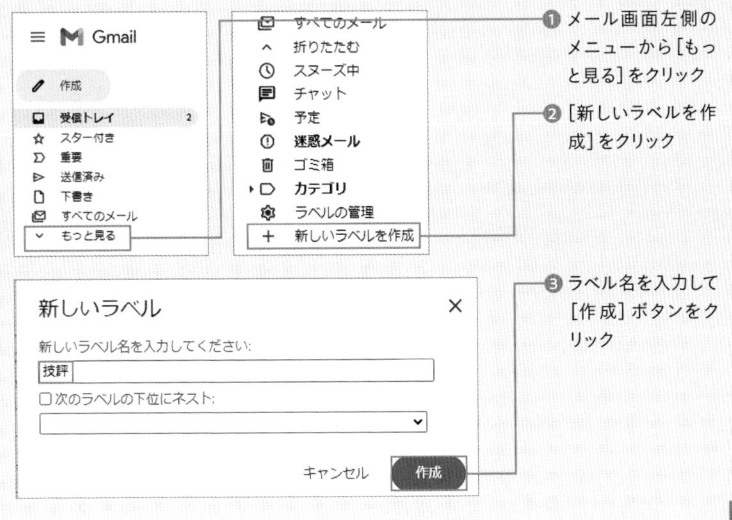

❶ メール画面左側のメニューから［もっと見る］をクリック
❷［新しいラベルを作成］をクリック
❸ ラベル名を入力して［作成］ボタンをクリック

## メールの振り分け作業を自動化する！

#メール受信　#メール管理　#スピード

前の項目では、フォルダー（ラベル）を作成しました。作成したフォルダーに**メールを振り分けて**みましょう。

Outlook も Gmail も、受信トレイのメールを、指定のフォルダーやラベルに**ドラッグ＆ドロップ**で移動できます。

このように移動すると**「受信トレイ」には表示されません**（Gmail の「すべてのメール」には表示されます）。受信トレイにたくさんのメールを表示したくない場合は、ドラッグ＆ドロップで移動しておくといいですね。

Gmail は、上部の**［ラベル］ボタン**から「ラベル」を付ける方法もあります。この場合は**「受信トレイ」にも表示**されます。

### Gmailの［ラベル］ボタンから付ける

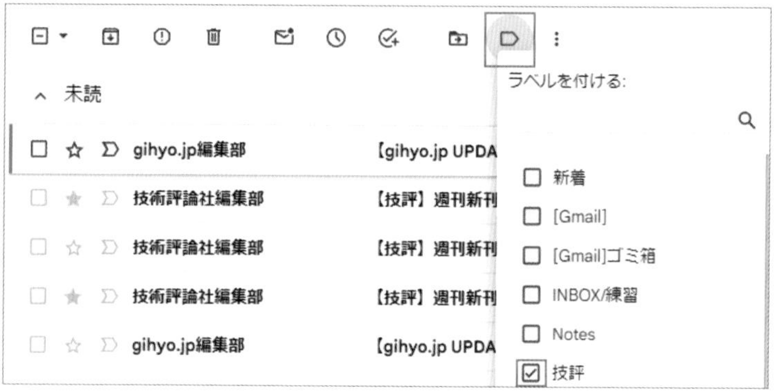

このように仕分けは手動でもできますが、メーラーが**自動で振り分ける**こともできます。あらかじめ仕分けるメールの件名やアドレスなどで「ルール」を設定し、ルールを満たしたメールが来たときに、受信トレイに入らず**指定したフォルダーに直接保存**されるのです。

## 仕分けルールを設定する ➡ Outlook ／ Gmail

### O Outlook

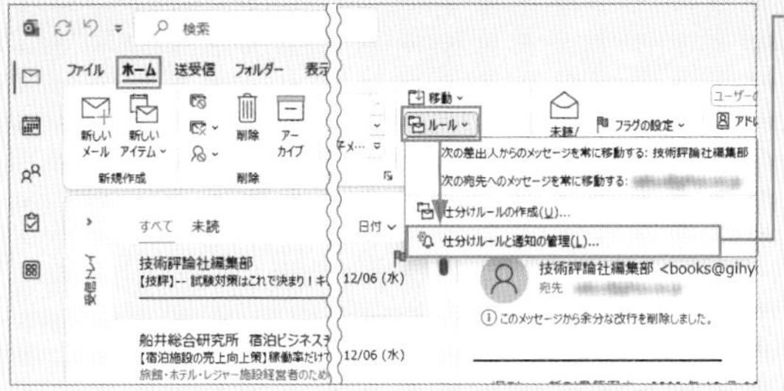

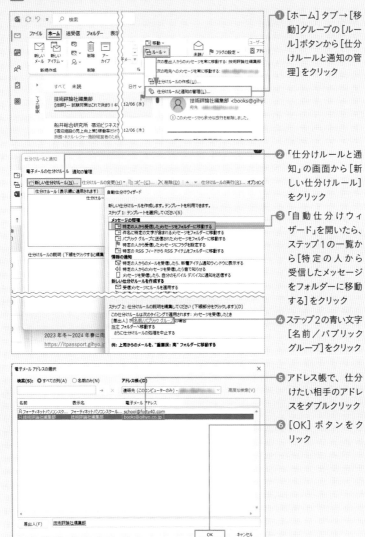

❶ ［ホーム］タブ→［移動］グループの［ルール］ボタンから［仕分けルールと通知の管理］をクリック

❷「仕分けルールと通知」の画面から［新しい仕分けルール］をクリック

❸「自動仕分けウィザード」を開いたら、ステップ1の一覧から［特定の人から受信したメッセージをフォルダーに移動する］をクリック

❹ ステップ2の青い文字［名前／パブリックグループ］をクリック

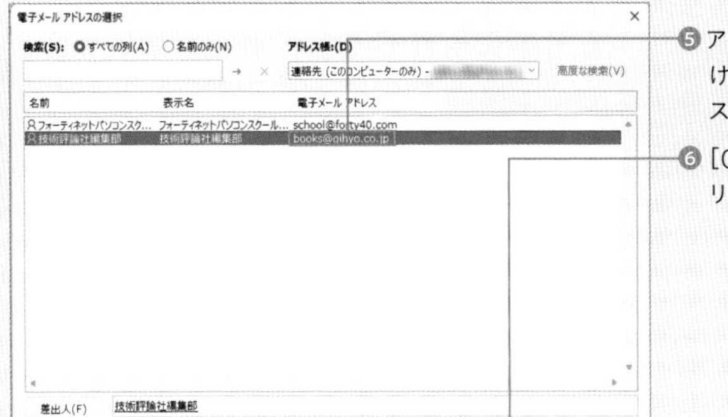

❺ アドレス帳で、仕分けたい相手のアドレスをダブルクリック

❻ ［OK］ボタンをクリック

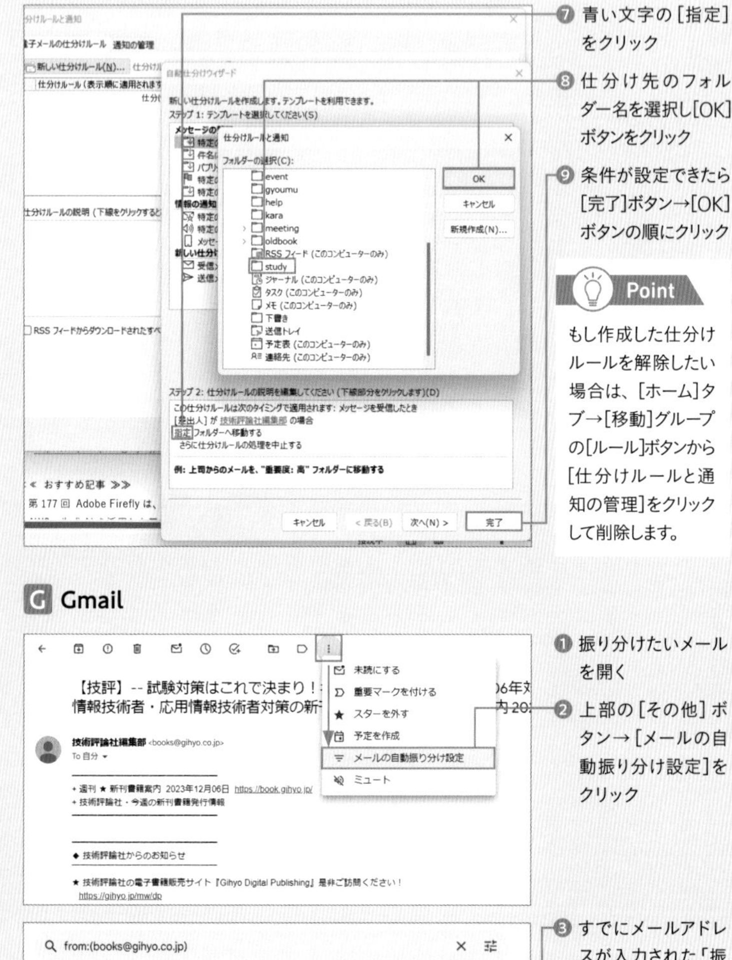


❼ 青い文字の［指定］をクリック

❽ 仕分け先のフォルダー名を選択し[OK]ボタンをクリック

❾ 条件が設定できたら[完了]ボタン→[OK]ボタンの順にクリック

**Point**

もし作成した仕分けルールを解除したい場合は、[ホーム]タブ→[移動]グループの[ルール]ボタンから[仕分けルールと通知の管理]をクリックして削除します。

## G Gmail

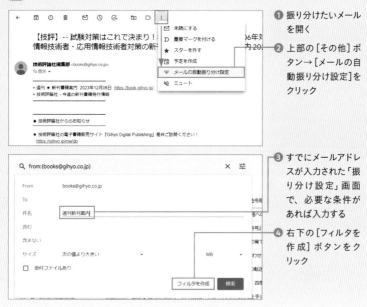

❶ 振り分けたいメールを開く

❷ 上部の［その他］ボタン→［メールの自動振り分け設定］をクリック

❸ すでにメールアドレスが入力された「振り分け設定」画面で、必要な条件があれば入力する

❹ 右下の［フィルタを作成］ボタンをクリック

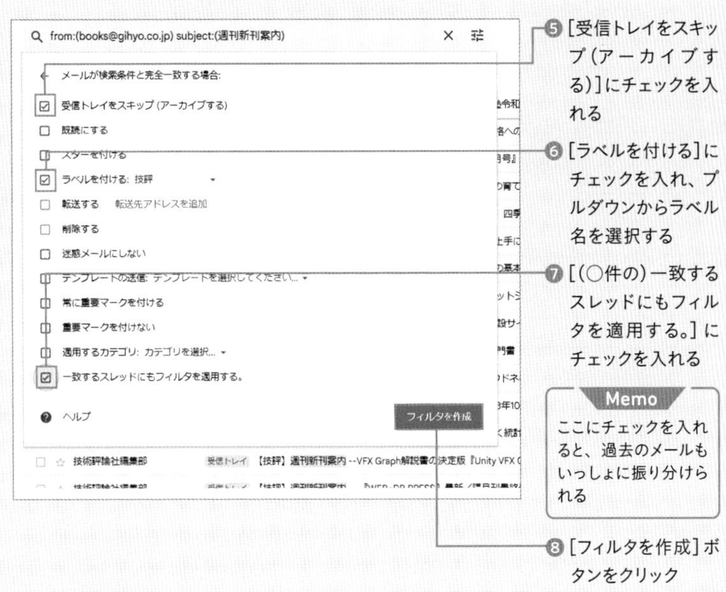


## Point

作成した自動振り分けを解除したい場合は、下記の手順で操作します。

❶Gmail画面上部の[設定]ボタンをクリック
❷[すべての設定を表示]ボタンをクリック
❸[フィルタとブロック中のアドレス]タブをクリック
❹「すべての受信メールに次のフィルタが適用されます」から、削除したいフィルタにチェックを入れ、右側の[削除]ボタンをクリック

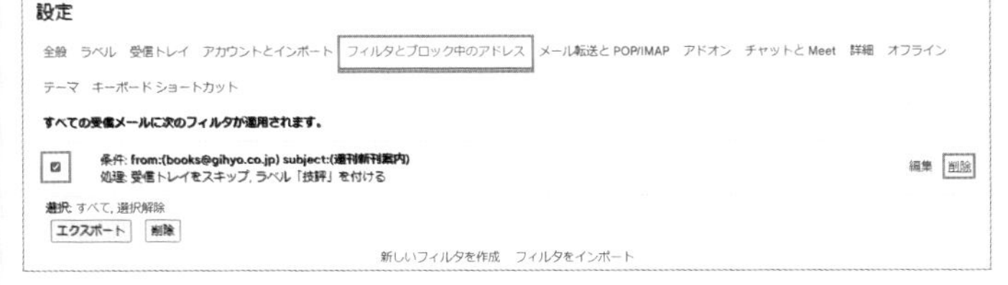

## 年ごとに適切なフォルダーで管理する

#メール管理　#正確性　#スピード　#共有性

それぞれの仕事内容にもよるかと思いますが、私の場合、Outlook に過去 10 年以上のメールをフォルダーで保存しています。

年度末に受信トレイ、送信済みトレイそれぞれに「2022 年」「2023 年」と**年号のフォルダー**を作成し、受信トレイ、送信済みトレイすべてのメールをそれぞれのフォルダーに移動します。**年度はじめは受信トレイも送信済みトレイも空っぽから始まります。**

送信済みフォルダー内の「2021」フォルダーを受信トレイの「2021」フォルダー内に移動してみましょう。

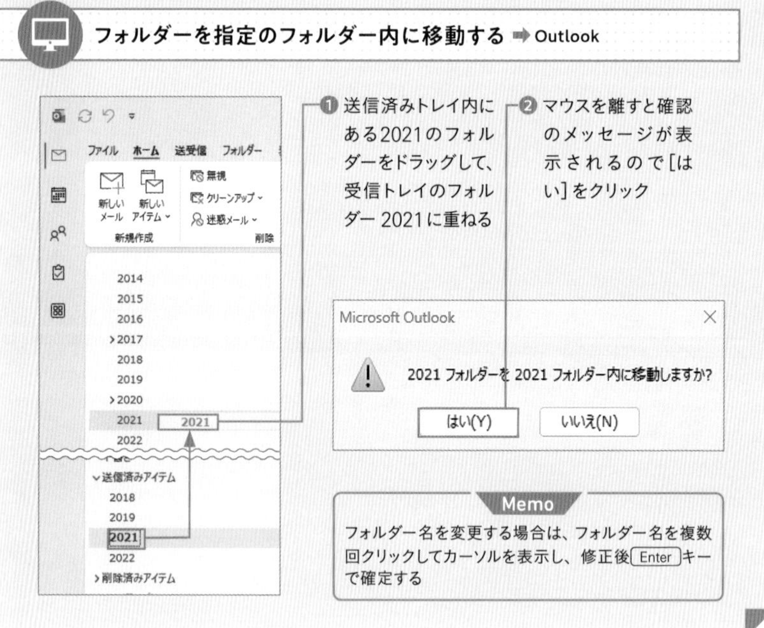

## どうしても見つからないメールは「高度な検索」を活用しよう

#メール管理　#正確性　#スピード

フォルダーの整理や分類の色管理をしていても、どうしてもメールがどこにあるのか探しきれないことがあります。その場合は、**検索**を使用しましょう。以下2つの方法があります。

### ●かんたんな検索

Outlook も Gmail も、メール一覧の上部に**検索枠**があります。ここにキーワードを入力して Enter キーを押すと、アドレス、メール件名、本文からキーワードが入力されているメールがピックアップされます。

**お手軽な検索枠**

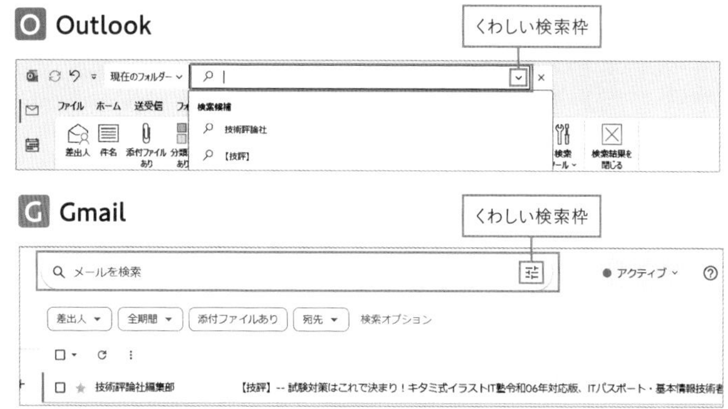


### ●くわしい検索

**「○○さんからの受信メールだけに絞りこみたい」**など、詳細な条件で検索する場合は、上図の**検索枠内の右側にあるアイコン**をクリックします(Outlook は検索枠内をクリックすると右側に表示されます)。クリックすると条件の入力画面が表示されます。

## くわしい検索枠

### O Outlook

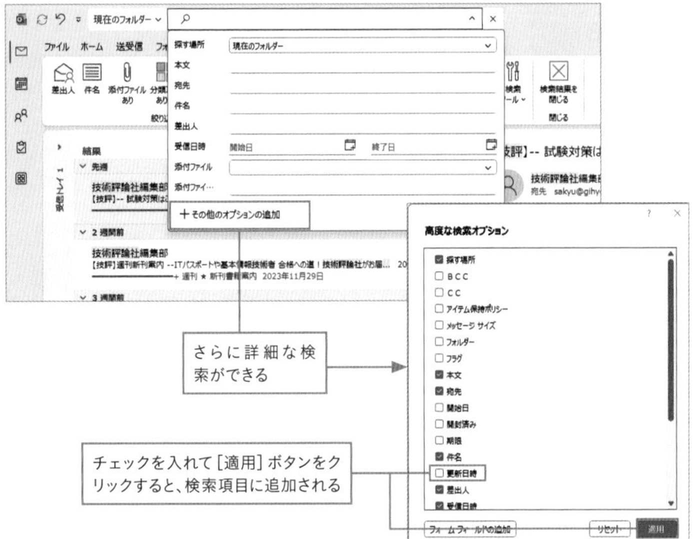


### G Gmail

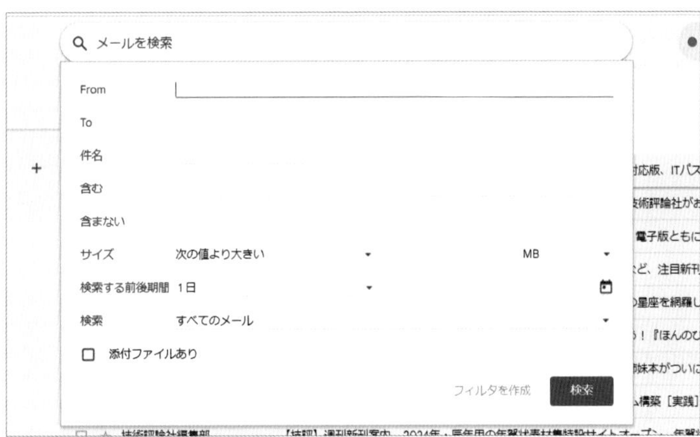

COLUMN

## メールの自動振り分けで起こりうるミス

P.060で「メールの自動振り分け」をご紹介しました。たいへん便利な機能ですが、「返信漏れ」というミスも起こりやすくなります。

本来、未読メールはフォルダーに数字が表示されメール件名は太字になりますが、一度開くとフォルダーから数字は消え、メールは太字が解除されます。

**▼メールを開く前後**

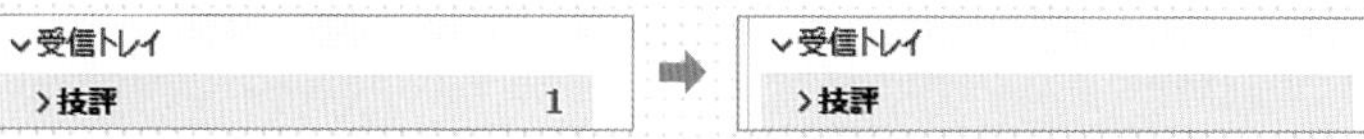


そのうえ、Outlookは振り分けたメールにフラグを付けておけば抽出できますが（[ホーム] タブ→ [検索] グループから [電子メールのフィルター処理] ボタンをクリックし [フラグあり] を選択)、抽出の手間がかかります。

よって、メールに一度目を通して、要返信のフラグを付けたとしても**「太字が消えフラグも一見わからない……」**となると、後で返信をしようと思いながら忘れてしまうことがあります。

一方、受信トレイは毎日必ず開くフォルダーなので、フラグを付けたメールが残っていないかすぐにチェックできます。私は、受信トレイのサブフォルダーにたくさんのフォルダーを作成していますが、自動振り分けを使用していません。受信トレイで**返信が済んだメールのみを手動でドラッグして移動**しています。フォルダーは後からメールを検索するときのための保存用として使用しています。

なお、Gmailの場合は「スター付き」フォルダーを開けば、スターを付けたメールが一覧表示されます。ラベルの振り分けは関係なく表示されるので、Outlookのようなミスは起こりにくいです。返信が終わったメールは、スターをクリックして解除しておきましょう。

CHAPTER

# 02

# 必要な情報を最速で見つける！「情報検索」のスキル

使用ソフト Edge、Chrome

日ごろの生活を思い返してみると、なにかアクションを起こす前に、**まずインターネットで調べる**ことがあたりまえになっているでしょう。それは仕事でも同様です。

営業先の手土産はなにがいいか、ネットで調べて購入する。
会食の場所はどこがいいか、ネットでクチコミを見てみる。
このサービスは競合他社がやってないか、ネットで調査する。

これらの必要な情報をあっという間に手に入れる人がいる一方、いつまでたってもなかなか探せない人がいます。どこに違いがあるのでしょうか。それは次の2つのスキルが身に付いているかどうかです。

**① 検索スキル**

ひと言でまとめると、**自分が知りたいことを検索する**スキルです。知りたいことやわからないことはすぐ「インターネットで調べる」のが日常になっていますね。だからこそ、知りたい情報を**的確に収集**できるかがポイントになります。

それには、**検索エンジンの基本的な使いかた**を理解したうえで、**検索キーワードの選びかた**や**結果の絞りこみ**のスキルが求められます。

**② 整理スキル**

Yahoo!ニュースやGoogleニュース、そのほかニュースページを閲覧すると、自分が興味のある情報以外にも、さまざまな情報が目に入ります。それらを「ムダだ」と一蹴せず、まんべんなく**社会情勢の情報**をインプットすることも日常化しておきたいものです。

とはいっても、やはり不要な情報もあるはず。**情報の信頼性や関連性を見極める**、**情報を絞りこんで整理する**スキルが必要です。

「インターネットは毎日使用しているから大丈夫！」と安心しないで、職場で求められた情報をすばやくきちんと整理して提示しましょう。情報があふれすぎている時代だからこそ、必要な新情報を正確に収集するチカラを身につけてください。

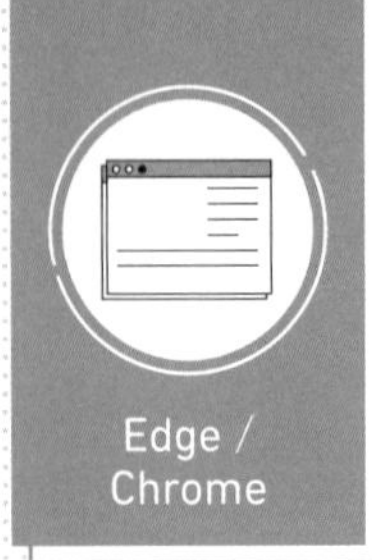


CHAPTER 02-01

# ほしい情報をネットから「最速」で「的確」に収集する

## 複数のキーワードで検索する方法3つ

#検索　#正確性　#スピード

「**〇〇について調べたい！**」そんなとき、ブラウザを立ち上げて、検索ボックスにキーワードを入力します。しかし、単純に「〇〇」と検索しても、目的の情報が見つからなかった場合。絞りこむために、「**〇〇（空白スペース）**△△」と、**複数のキーワード**を使って検索しますよね。

これは、**AND検索**と言われるもので、「〇〇も△△も掲載しているWebページ」を検索するように指定しているのです。

**AND検索**

キーワードの間に、
・「」(空白スペース)
・「AND」(AND＋前後にスペース)
・「+」(半角プラス)

「イベントスペース」「港区」どちらも含むページがヒットする

このように、キーワードを複数使用して検索することで、より正確な検索結果が得られます。ほかにも、**複数のキーワード間に入れる記号**を変えれば、下図のような検索もできます。



OR検索とNOT検索

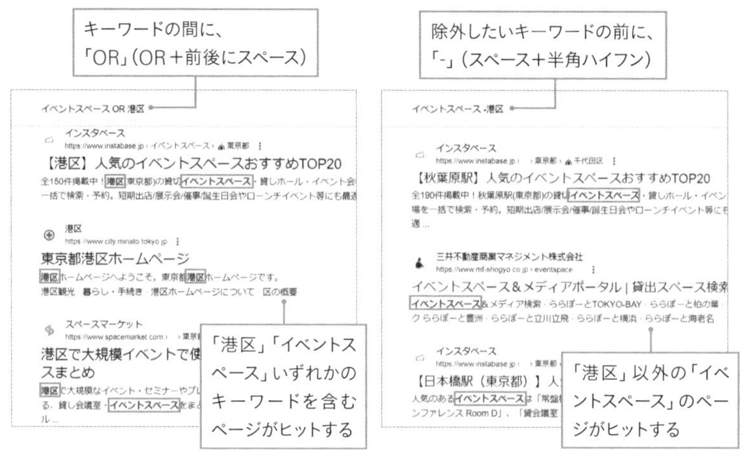


## 目的の情報をすばやく見つける検索テクニック

#検索　#正確性　#スピード

前項では、複数キーワードによる３つの検索方法をご紹介しました。そのほかにも、キーワードに条件をつけたり、ハイライトをつけたりすることで、**目的の情報をより見つけやすくする**テクニックがあります。ここでは３つの方法をご紹介しましょう。

### ● 完全一致検索

**キーワードを分割しない**で検索する方法です。たとえば「港区のイベントスペース」と検索すると、スペースで空けたわけではないのに、「港区」

「イベント」「スペース」の各キーワードに関連したWebページがヒットし、港区以外のイベントスペースに引っかかることもあります。検索範囲が勝手に広がってしまい、さらに絞りこまなければなりません。

そこで、キーワードを**「“”（ダブルクォーテーション）」**で囲みましょう。そのままのキーワードが完全に一致する形で検索してくれます。

**完全一致検索**

## ● クチコミの検索

この商品はよさそうだけれど、**直接ユーザーの声を知りたい**。……そんなときは、検索キーワードを入力するときに「“やっと買えた”」「“やっと予約できた”」など**過去形のキーワード**を入力しましょう。個人のブログや書きこみのページが検索結果としてヒットします。話し言葉で検索をかけてみる工夫もよいでしょう。

また、SNSの情報を検索したい場合は、検索キーワードの後に**「@（SNSの名称）」**（「@ Instagram」「@ TikTok」など）を入力します。

### ● ページ内検索

開いたWebページ内のどこに知りたい情報が掲載されているのか、上からスクロールしながら探すのはたいへんです。そんなときは Ctrl ＋ F **キー**を押しましょう。表示された検索枠に単語を入力すると、目的の単語がハイライトされて、掲載されている場所がわかります。

**目的の情報をハイライト**

## 言葉以外にも「画像」で検索できる

#検索　#正確性　#スピード

検索するといえば、「キーワード」のイメージが強いですが、ほかにも**画像**から関連サイトを検索できます。たとえば、

**「ロゴマークに見覚えがあるけれど、どこの会社だろう」**
**「商品画像は手元にあるけれど、商品価格がわからない」**

そんなときに、画像からよりくわしい情報を調べたり、類似する画像を探したりできます。

**画像で検索できる**

しかも検索方法はとてもかんたん。Edge も Chrome も検索枠に**画像をドラッグ**するだけです。ぜひ情報収集に活用してみてください。

### 画像で検索する ➡ Edge ／ Chrome

**E Edge**

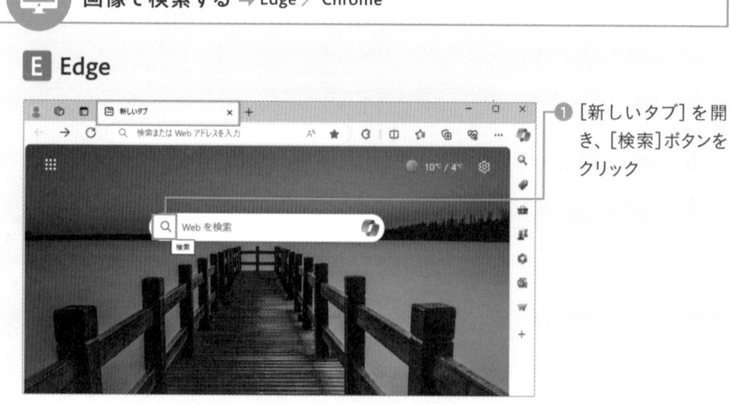

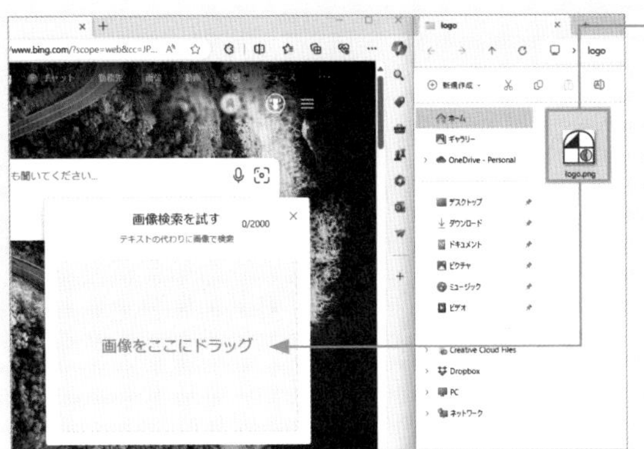


❷ Bingの検索枠に画像をドラッグ

## C Chrome

❶ [新しいタブ] を開き、検索枠の [画像で検索] ボタンをクリック

❷ [Googleレンズで画像を検索] の枠に画像をドラッグ

## 情報の「検索」と「要約」にAIを使ってみよう

#検索　#整理　#正確性　#スピード　#共有性

2024年現在、ビジネスでは**AI**に注目が集まっています。さまざまなソフトやアプリがAI機能を取り入れており、日々目まぐるしく変化を遂げています。そして、それはブラウザも例外ではありません。EdgeにもAI機能「Copilot」が搭載され、今後は情報収集にAI活用が求められます。

しかし、情報収集にAIを使うと、どんなメリットがあるのでしょうか？今までのキーワード検索とどう違うのでしょう。

大きな違いは**キーワード検索後の作業**です。従来の方法では、キーワードで検索して、ヒットした複数のWebページを閲覧し、必要な情報を抜き出し、まとめる作業が必要でした。一方、チャットAI機能はキーワードを入力すれば、**情報をまとめて文章を生成**してくれます。文章を作るところまでやってくれるなんて、とても便利ですね。

情報の要約方法も**指示**を付ければ、それに沿ってまとめてくれます。

**キーワード検索による調べもの**

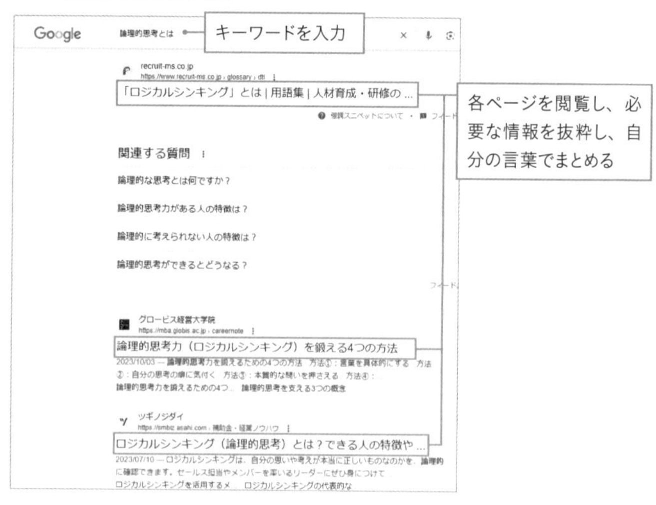

## チャットAIを使った調べもの

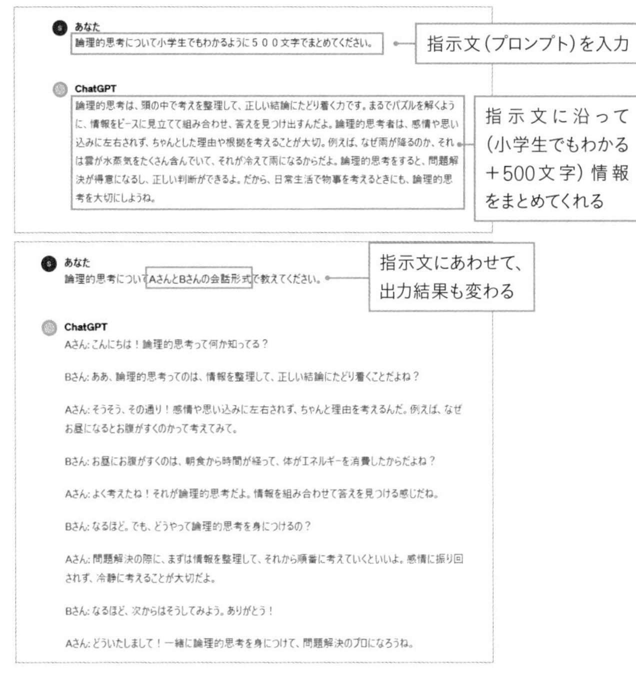


代表的なチャットAIは下表のものがあります。それぞれの起動方法とともに、おさえておきましょう。

| | 使用に必要な準備 | 料金 | 概要 |
|---|---|---|---|
| Microsoft Copilot | Microsoftアカウントにログイン(Bingでの「Copilot」はログイン不要。ブラウザ問わず使用できる) | 無料 | Web上の最新情報に対応。文章を生成する際に参考Webサイトが記載される |
| ChatGPT | 会員登録 | 無料(Plusは有料) | GPT3.5(無料版)は2022年1月まで、GPT4.0(有料版)は2023年4月までのデータがもとになる |

## 各種AIツールを起動する ➡ Copilot ／ ChatGPT

### C Copilot

❶ Bingページの上画面から[Copilot]タブをクリック

❷ [何でも聞いてください]欄に入力する

## C ChatGPT

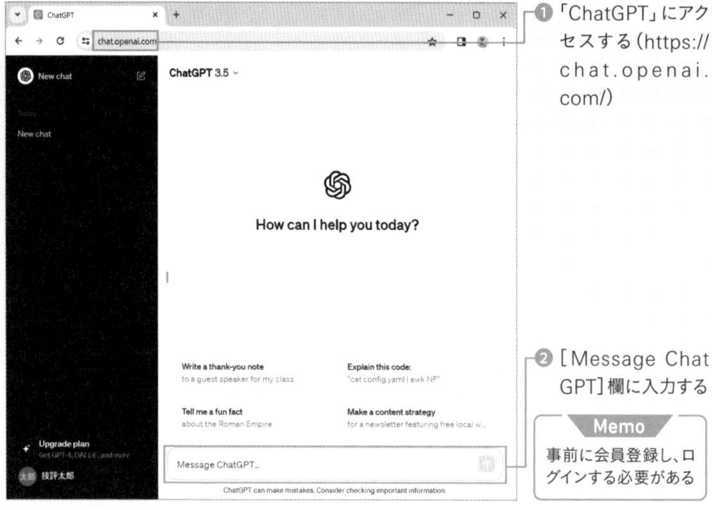


生成された出力内容は商業利用できますが、法律や規約に違反していないかを確認する必要があります。また、生成された文章をそのまま使用するのはNGです。**情報は必ず精査**して、**自分の言葉で文章にまとめなおす**ようにしましょう。

COLUMN

## 見落としがちな「検索履歴」に気をつけよう!

ここまで、効率的な検索方法を述べてきましたが、検索したキーワードには履歴が残ります。

ミーティングや打ち合わせで自分のPC画面を共有する場合、この検索履歴に気を配りましょう。検索枠にカーソルを置くだけで、検索履歴の一覧が表示されてしまいます。

▼検索履歴

仕事に関係ない検索キーワードをうっかり表示してしまえば、単純に恥をかくだけでなく、社会人としての評価がマイナスになりかねません。画面共有前に不要な検索キーワードは削除しておきましょう。

検索履歴を削除する ➡ Edge ／ Chrome
E Edge
新しいタブ
検索または Web アドレスを入力
Microsoft Start
関東　日帰り温泉
イベントスペース　港区
Bing AI
技術評論社
トヨタ 決算発表
検索履歴の管理
❶ 検索枠内をクリック
❷ 一番下の［検索履歴の管理］をクリック
Memo
検索履歴のページを開くには、事前にMicrosoftアカウントにログインする必要がある
https://www.bing.com/profile/history?FORM=ASRMHS
インサイト
全期間
27
ウェブ
画像
動画
ニュース
ショッピング
アクティビティ
履歴を検索します
今日
関東　日帰り温泉
16:53
イベントスペース　港区
16:52
Bing AI
16:48
❸ キーワードの右側にマウスを置き、表示される［ゴミ箱］ボタンをクリック
C Chrome
Google
イベントスペース 港区 - Google 検索
関東 日帰り温泉
候補を削除
急上昇ワード
❶ 検索枠内をクリック
❷ キーワードの右側にマウスを置き、［×（候補を削除）］ボタンをクリック

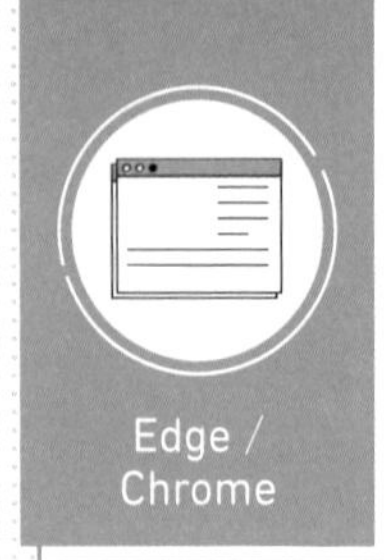


CHAPTER 02-02

# 「あのページをもう一度見たい!」探す時間を省略する

## 閉じたページをすぐ復活させるには

#整理　#正確性　#スピード

日ごろネットでさまざまなことを調べていると、タブが増えすぎて煩雑になるときがあります。「不要なタブは消そう」と思ってサクサク閉じると、必要なWebページもうっかり閉じてしまった……なんてことはありませんか？　再度検索して同じページを探すのもたいへんな作業です。

直前に閉じたページを再表示したいなら、**Ctrl＋Shift＋Tキー**を押しましょう。EdgeもChromeも同じショートカットキーでタブが復活するので、ぜひ覚えておいてください。

また、過去に閲覧したページの**履歴**からも、以下の操作で再表示できます。

### 閲覧履歴からページを再表示する ➡Edge／Chrome

**E Edge**

❶Ctrl＋Hキーを押す

Memo
または、画面右上の[…]をクリックし、メニューから[履歴]を選択する

❷[最近閉じた項目]タブを選択し、再表示したいページをクリック

**C Chrome**

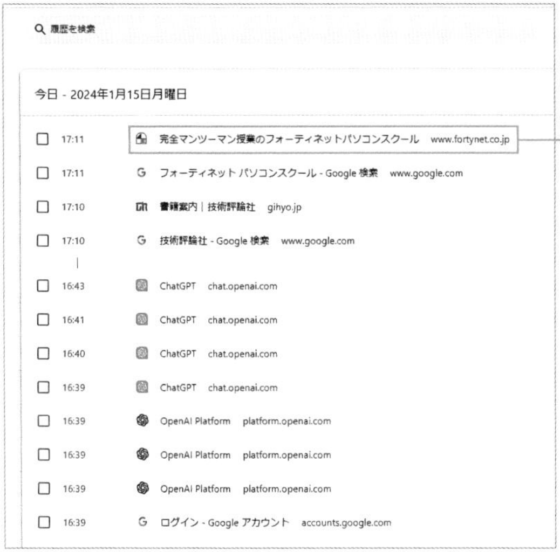


❶ Ctrl＋Hキーを押す

❷［履歴］から、再表示したいページをクリック

## 閲覧履歴から目的のページをすばやく探す方法

#検索　#整理　#正確性　#スピード

前項では、直近で削除したページを再表示する方法を紹介しました。しかし、もし**ずいぶん前に閲覧したWebページ**をもう一度見たい場合はどうすればいいでしょうか。

再検索に割くムダな時間はできるだけ少なくしたいもの。なので「以前と同じキーワードで検索しなおす」のは、やめましょう。同じキーワードで検索したとしても検索結果はまったく同じになるとは限りません。さらに、目的のページを見つけるために、あれこれとページを開くことになり、多くの時間を費やしてしまいます。

検索するなら、**閲覧履歴の検索枠**を活用しましょう。Ctrl＋Hキーを押して、表示される閲覧履歴の検索枠内に単語を入力すれば、履歴から効率的に過去のページを見つけられます。

「履歴」ページの検索枠

Edge　Chrome

また、効率よく検索するには**閲覧履歴の整理**も重要です。閲覧履歴には同じページが重複したり、不要な検索履歴がたくさん残ったりします。これらは定期的に削除して、再表示したいページを閲覧履歴からすぐに見つけられるようにしましょう。

## 指定した履歴のみを削除する ➡ Edge ／ Chrome

### E Edge

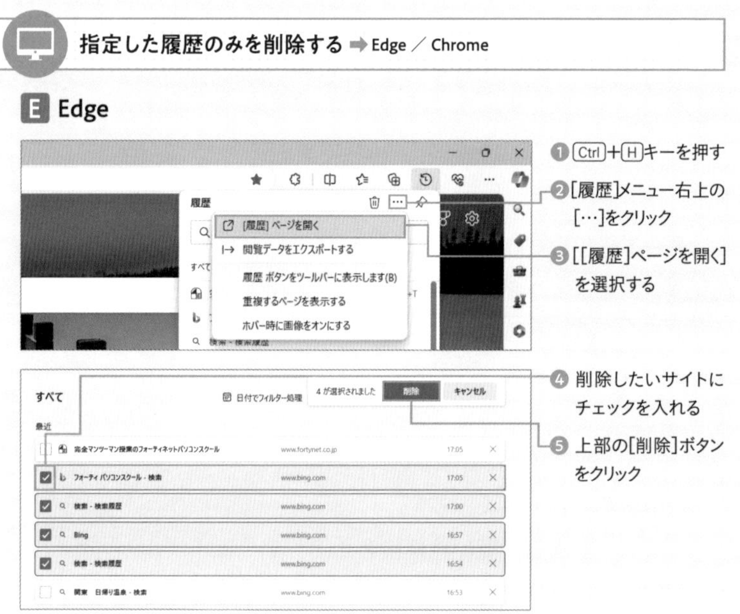
❶ Ctrl＋Hキーを押す
❷[履歴]メニュー右上の[…]をクリック
❸[[履歴]ページを開く]を選択する
❹削除したいサイトにチェックを入れる
❺上部の[削除]ボタンをクリック

## C Chrome

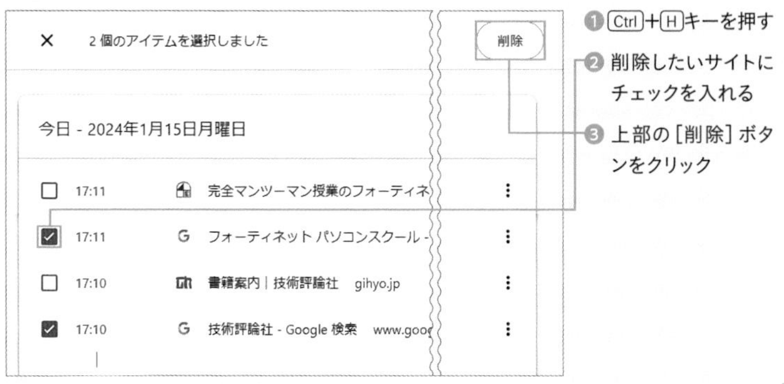


また、定期的に削除しようと思っても、ついつい履歴がたまってしまうこともありますね。すばやくページを開くための履歴なのに、履歴の整理に時間がかかっていては元も子もありません。

1つずつ確認しながら選択して削除するのがめんどうであれば、いったん**すべての履歴を削除**して、あらたに履歴を残すのも一案です。一括削除の方法もあわせて覚えておきましょう。

### すべての履歴を削除する ➡ Edge ／ Chrome

## E Edge

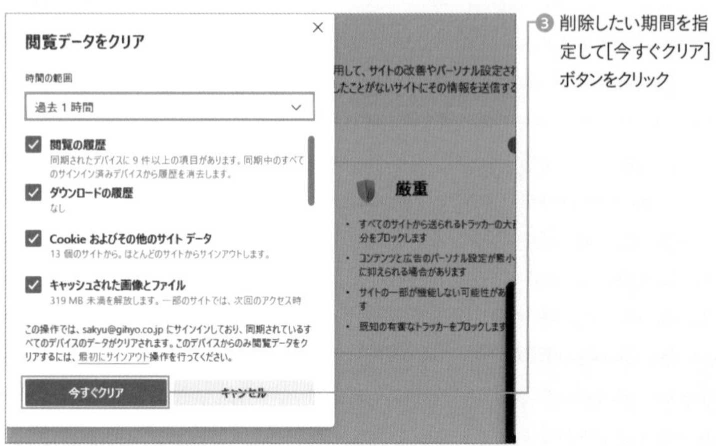


❸削除したい期間を指定して[今すぐクリア]ボタンをクリック

## C Chrome

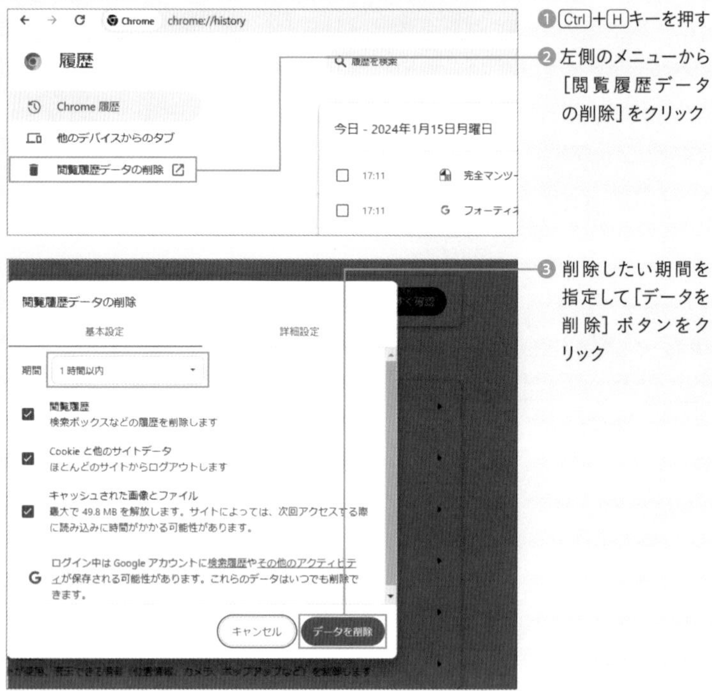


❶Ctrl+Hキーを押す

❷左側のメニューから[閲覧履歴データの削除]をクリック

❸削除したい期間を指定して[データを削除]ボタンをクリック

## 再検索の手間を省く「お気に入り（ブックマーク）」を活用しよう

#整理　#正確性　#スピード

履歴を駆使して見つけたWebページ、もう見失いたくないですよね。ほかにも、以下のようなWebページはくり返し閲覧する可能性があります。

- 毎月アクセスして備品を発注するWebページ
- スキルアップのために参考にしているWebページ
- 信頼している情報収集用のWebページ

これらのページはぜひ**お気に入り（ブックマーク）**に登録しておきましょう。ページ上部に常に表示される「お気に入り（ブックマーク）バー」から、検索することなくかんたんにアクセスできます。このバーは常に表示することをおすすめします。Edge、Chromeともに[Ctrl]+[Shift]+[B]キーで切り替えられます。

**お気に入りバー（ブックマークバー）**

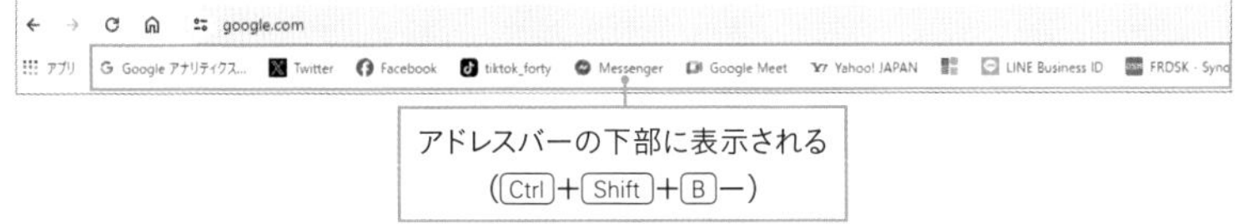


アドレスバーの下部に表示される
（[Ctrl]+[Shift]+[B]ー）

ただし、このバー上にたくさんページを登録すると、一部は格納されて非表示になってしまいます。使用頻度の高いページはバーに登録し、それ以外はのちほどご紹介する「フォルダー」内に登録するのをおすすめします。

## Webページをお気に入り（ブックマーク）に登録する ➡Edge ／ Chrome

### E Edge

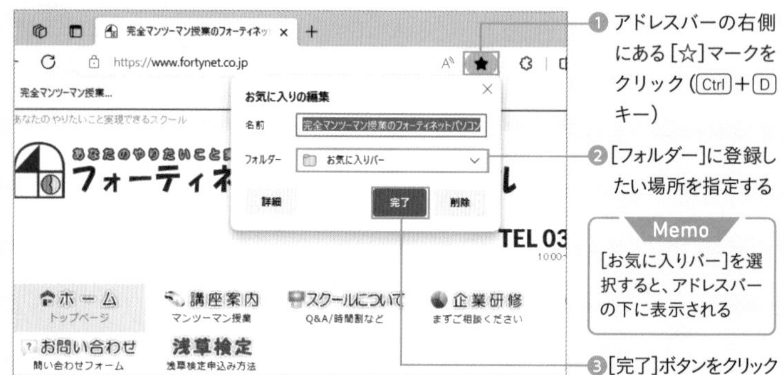


❶アドレスバーの右側にある[☆]マークをクリック（Ctrl＋Dキー）

❷[フォルダー]に登録したい場所を指定する

**Memo**
[お気に入りバー]を選択すると、アドレスバーの下に表示される

❸[完了]ボタンをクリック

**Point**

手順❷のフォルダーでは[その他のお気に入り]も選択できます。ここに登録すると「お気に入りバー」には表示されず、バーの右側の[その他のお気に入り]をクリックすると表示されます。

### C Chrome

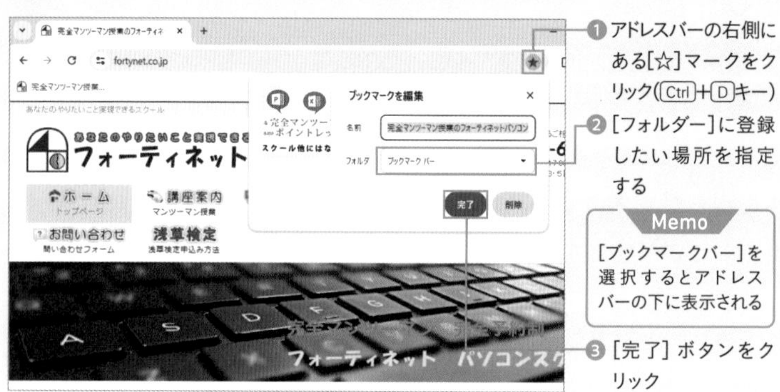


❶アドレスバーの右側にある[☆]マークをクリック（Ctrl＋Dキー）

❷[フォルダー]に登録したい場所を指定する

**Memo**
[ブックマークバー]を選択するとアドレスバーの下に表示される

❸[完了]ボタンをクリック

## 目的の「お気に入り」をすぐ見つける管理の工夫

#整理　#正確性　#スピード

後から見よう、後で見よう、とお気に入りに登録していると、あっという間にお気に入りの登録ボタンが増えていきます。そうすると、今度はお気に入りからボタンを探すのがたいへんに……。それでは本末転倒ですね。

お気に入りの登録ボタンをササッと使うには**お気に入りを管理**しましょう。用済みのお気に入りは削除して、分類ごとにフォルダーを作成して振り分けます。私の場合は次のようにフォルダー分けしています。

フォルダー管理の例

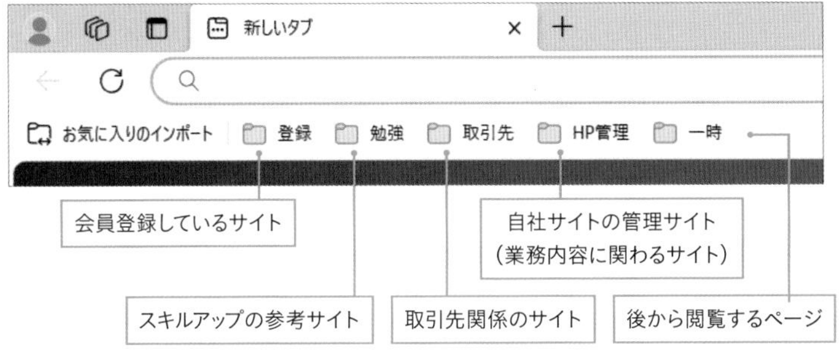


管理のポイントは**「一時」フォルダー**です。さまざまなWebページを閲覧する中で「あ、このページはあとからゆっくり見よう」と思ったサイトは「一時」フォルダーにどんどん登録します。「一時」フォルダー内のWebページを閲覧したら、いらないものは削除、今後も見たいサイトは各フォルダーに振り分けます。

自分なりの区分方法を工夫するとよいですね。

## お気に入りフォルダーを作成する ➡ Edge ／ Chrome

### E Edge

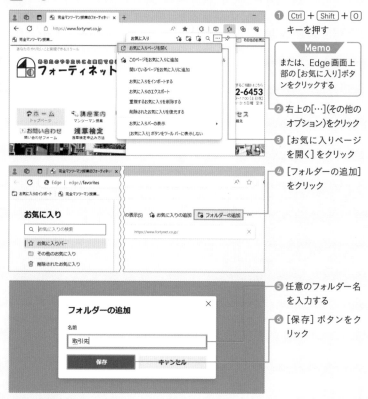

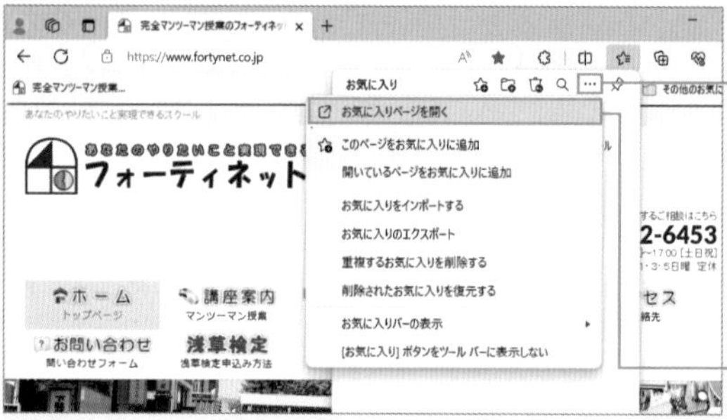

❶ Ctrl ＋ Shift ＋ O キーを押す

**Memo**

または、Edge画面上部の[お気に入り]ボタンをクリックする

❷ 右上の[…](その他のオプション)をクリック

❸ [お気に入りページを開く]をクリック

❹ [フォルダーの追加]をクリック

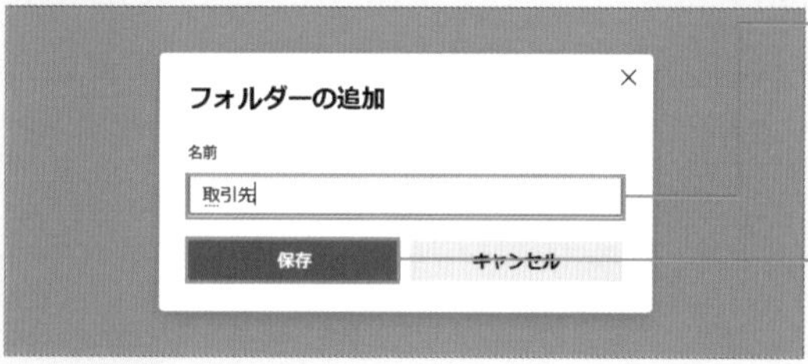

❺ 任意のフォルダー名を入力する

❻ [保存]ボタンをクリック

**Point**

登録済みのWebページを、作成したフォルダー内へ移動するには、Webページ名を移動先フォルダーにドラッグしましょう。なお、お気に入りを解除するにはアドレス右側の[×]ボタンをクリックして削除します。

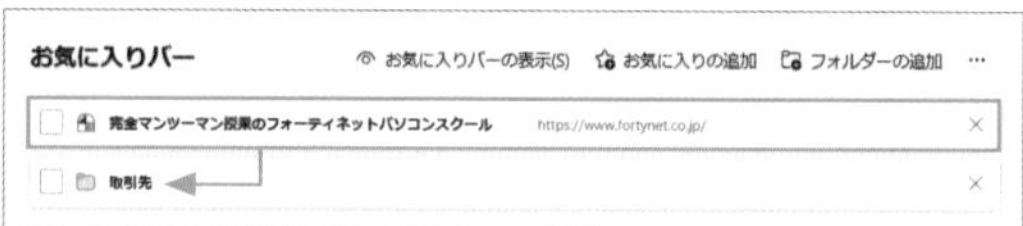

## C Chrome

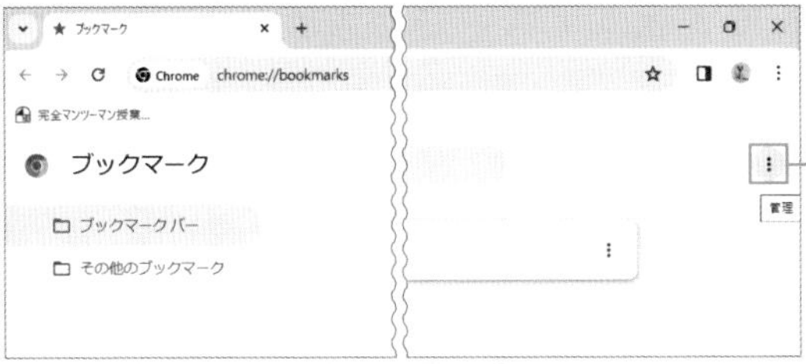

❶ Ctrl + Shift + O キーを押す

❷ 右上の［⋮］（管理）をクリック

❸［新しいフォルダを追加］をクリック

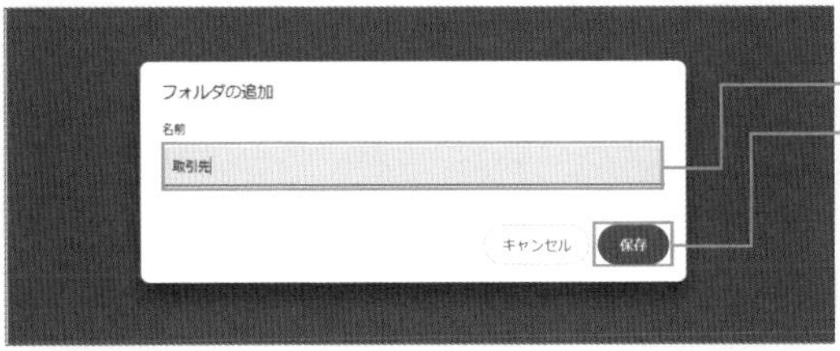

❹ 任意のフォルダー名を入力する

❺［保存］ボタンをクリック

### Point

登録済みのWebページを、作成したフォルダー内へ移動するには、Webページ名を移動先フォルダーにドラッグしましょう。なお、ブックマークを解除するにはアドレス右側の［⋮］をクリックして削除します。

COLUMN

## 個人情報を残さずページをみるには

ホテル内のパソコンでGmailにログインしてメールチェックした。

他人のパソコンでショッピングして、クレジットカードの情報をフォームに入力した。

自分のパソコン以外で、上記のような操作をしてしまうと、ログインしたサイトの履歴やパスワードなどが知らぬ間にブラウザに記憶されてしまいます。ふだんは、自動でIDやパスワードを入力してくれる、とても便利な機能ですが、残した情報を悪用する人がいないとも限りません。

ほかにも、会社支給のパソコンで「転職サイト」を検索して履歴を残しておくと、転職サイトの広告がガンガン表示されます。後から使った人が「○○さんは入社早々転職を考えているのでは……」なんて思う可能性もあるでしょう。

そこで、他人のパソコンでネットを閲覧するなら、**InPrivateウィンドウ（シークレットウィンドウ）**の使用をおすすめします。閲覧履歴やWebフォームの内容、Cookie（閲覧情報）などを残さずに閲覧できます。

### ▼inPrivateウィンドウ（シークレットウィンドウ）

Edge

また、P.080では、パソコン画面を共有する場合に備えて「検索履歴の削除方法」をご紹介しました。ですが、会社支給のパソコンで個人的

な内容を検索するなら、そもそも「inPrivateウィンドウ」を使用をすれば、いちいち閲覧履歴や検索キーワードを削除する手間が省け不要なCookieも残りません。

### InPrivateウィンドウ(シークレットウィンドウ)を表示する ➡ Edge／Chrome

#### E Edge

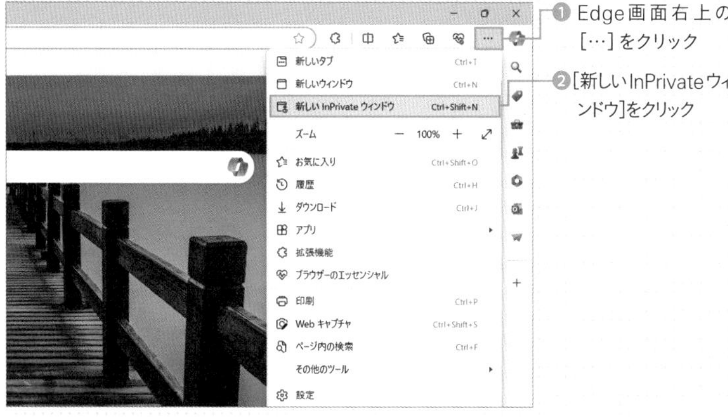


❶ Edge画面右上の[…]をクリック

❷[新しいInPrivateウィンドウ]をクリック

#### C Chrome

❶ Chrome画面右上の[⋮]をクリック

❷[新しいシークレットウィンドウ]をクリック

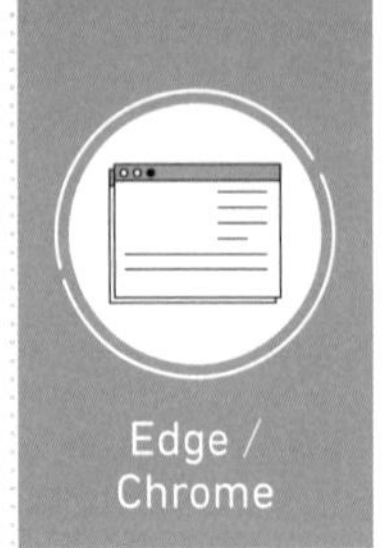


CHAPTER 02-03

# ブラウザを もっと活用できる便利ワザ

## 「検索ページ」+「情報収集ページ」で効率よく情報を得る

#検索　#整理　#正確性　#スピード

ブラウザを開くと、いつも決まったページが表示されますね。Edge では Microsoft Bing、Chrome では Google 検索のページです。この**最初のページ（ホーム画面）**は変更できますし、複数表示させることもできます。

私の場合は、検索用のページ（Google のトップページ）と外からの情報を収集するページ（Yahoo! のトップページ）の 2 つを起動時に表示しています。

### ブラウザ起動時の画面をカスタマイズする

このように、使いかた次第で情報収集の手間を省けますので、あなたが使い慣れたページを表示するといいでしょう。

## ホーム画面を設定する ➡ Edge ／ Chrome

### E Edge

❶ Edge起動時に表示したいページを開く

❷ Edge画面右上の[…]をクリック

❸ メニューから[設定]をクリック

❹ 左側のメニューから[[スタート]、[ホーム]、および[新規]タブ]をクリック

❺ [Microsoft Edgeの起動時]→[これらのページを開く]にチェックを入れる

❻ [開いているすべてのタブを使用]ボタンをクリック

### C Chrome

❶ Chrome画面右上の[⋮]をクリック

❷ メニューから[設定]をクリック

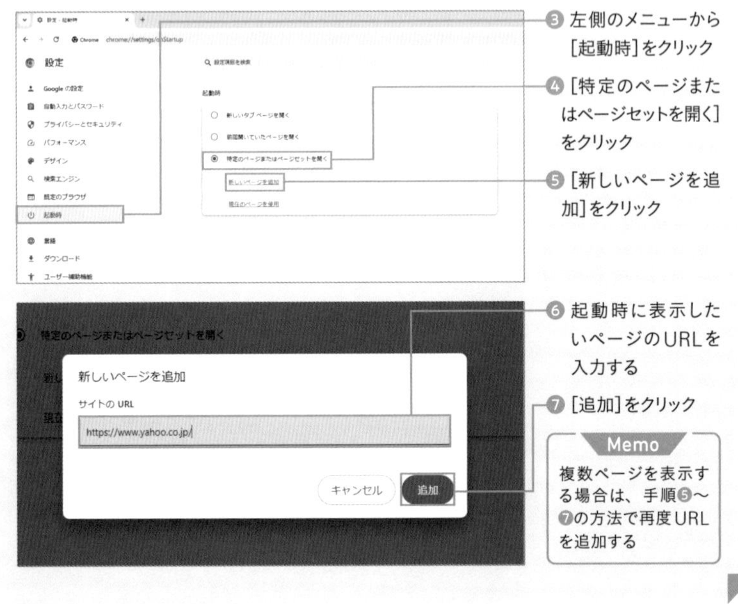

❸左側のメニューから[起動時]をクリック
❹[特定のページまたはページセットを開く]をクリック
❺[新しいページを追加]をクリック
❻起動時に表示したいページのURLを入力する
❼[追加]をクリック
Memo
複数ページを表示する場合は、手順❺〜❼の方法で再度URLを追加する
設定
特定のページまたはページセットを開く
新しいページを追加
サイトの URL
https://www.yahoo.co.jp/
キャンセル
追加


## 迷いがちな「翻訳」はブラウザ機能で解決！

#検索　#正確性　#スピード　#共有性

　グローバル化が推進されている昨今。仕事では、英語をはじめとした**外国語**に対面することも少なくありません。そんなとき、

**「この用語はどうやって訳せばいい？」**
**「この翻訳で相手に伝わる？」**

などの不安でいっぱいになりますね。外国語が堪能であれば悩むこともないのでしょうが、語学は苦手な方も多いことでしょう。

　そこで、ブラウザの**翻訳機能**を使えば、外国語→日本語、またその逆の日本語→外国語の翻訳もできます。

## ブラウザの翻訳機能を使用する ➡ Edge ／ Chrome

### E Edge

❶ Edge右側のメニューから[ツール]をクリック

❷ 表示された作業ウィンドウから[翻訳]へスクロール

❸ 言語を選択し翻訳したい文章を入力またはコピー＆ペーストする

### C Chrome

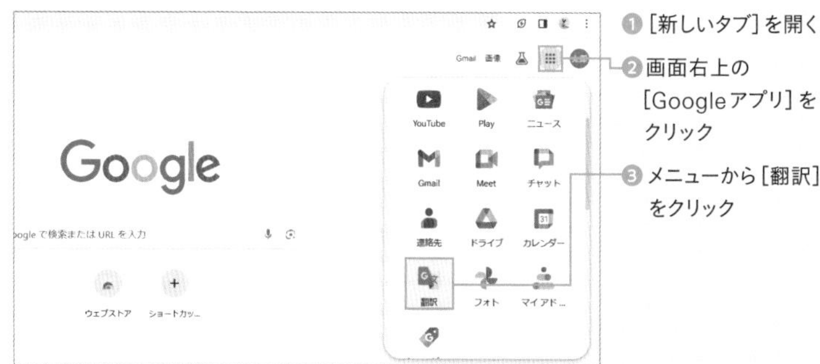


❶ [新しいタブ]を開く

❷ 画面右上の[Googleアプリ]をクリック

❸ メニューから[翻訳]をクリック

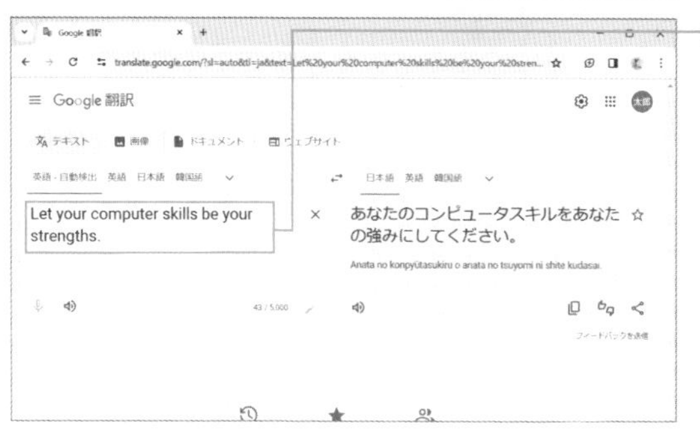


❹ 言語を選択し、翻訳したい文章を入力またはコピー＆ペーストする

また、調べものをしていて、検索結果が外国語のページであれば、**ブラウザの翻訳機能**を活用しましょう。ページの右上の**翻訳のバー**が表示されます。日本語をクリックすると和訳されます。

ブラウザ機能で外国語のWebページを和訳する

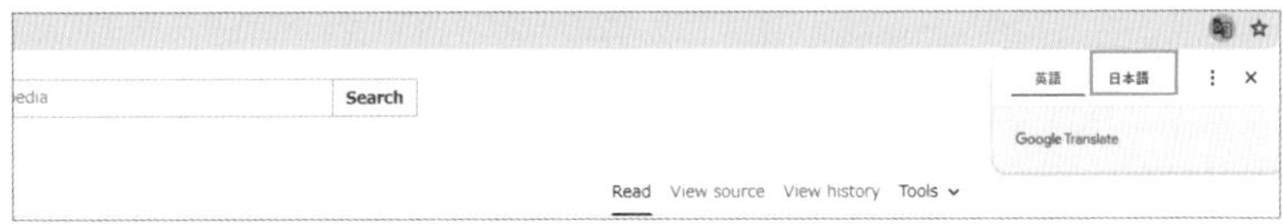


## ウィンドウ操作で「調べながらの作業」を効率化

#検索　#整理　#スピード

調べものをしながら資料を作成する。このようなときは「ブラウザ」と「資料作成ソフト」**2つのウィンドウを左右に並べる**ほうが作業しやすいですね。

作業しやすいウィンドウの配置にする

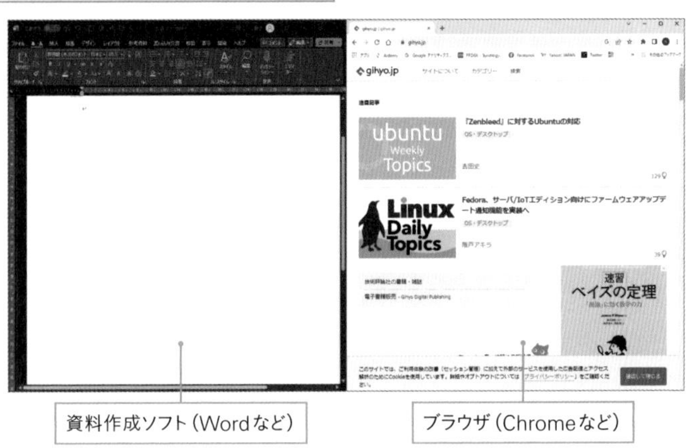


資料作成ソフト（Wordなど）

ブラウザ（Chromeなど）

ウィンドウを並べるのは、**マウス操作**でサクッと配置できます。これはWindowsの機能ですが、ブラウザで「調べながら」別のウィンドウで作業する場面は頻出ですので、ここで操作方法を覚えておきましょう。

### 複数ウィンドウを左右に配置する ➡ Windows

❶ 並べたいウィンドウのタイトルバーをデスクトップ画面左側にぶつかるまでドラッグ（Windows＋←キー）

**Memo**
ドラッグしたウィンドウが画面の左半分に配置される

❷ 右側に表示される、起動中のウィンドウのサムネイルをクリック

## 「Webページのこの画像がほしい！」キャプチャと保存のコツ

#整理　#正確性　#スピード　#共有性

**「検索した地図をお知らせに掲載したい」**
**「ロゴを資料に貼り付けたい」**
**「Webに掲載されている一部分を引用したい」**

……など、Webページ上の情報を資料に掲載したい場面は多々あるでしょう。もちろん著作権侵害にならない範囲での使用ですが、パソコンの画面上の一部分を**キャプチャ画像**として再利用する方法も覚えておくと、さまざまな場面に活用できます。

なお、WordやExcel、PowerPointで作成中の資料に挿入するだけなら、各ソフトに備わっている「スクリーンショット」機能（P.178参照）を使用するほうがてっとり早いです。ここでは**画像を別ファイルとして保存する**場合や**ページ全体をキャプチャする**場合（Edgeのみ）の操作をご紹介します。

### Snipping Tool

パソコン上に表示されている画面をキャプチャする場合は、**Snipping Tool**を使用しましょう。Windows11に搭載されているキャプチャ機能で、Webページ問わず活用できます。キャプチャした図は、ほかのアプリに貼り付けなくても画像として保存できます。

## Snipping Toolでキャプチャする ➡ Windows

❶ Windows＋Shift＋Sキーで起動する

❷ 画面上部の［四角形モード］をクリック

❸ コピーしたい範囲をドラッグして指定する

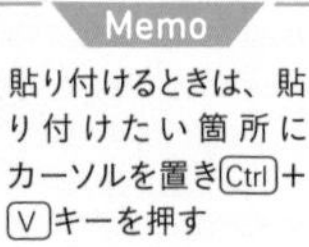

**Memo**

貼り付けるときは、貼り付けたい箇所にカーソルを置きCtrl＋Vキーを押す

**Point**

画像やテキストをコピーすると、一時的にクリップボード（Windows＋Vキー）に保存されます。コピーした画像をもう一度貼り付けたいときは、クリップボードを開き再利用しましょう。

## ● Edge の Web キャプチャ

Snipping Tool は画面上に見えている範囲からコピーするため、ページが縦に長い場合、見えていない部分はキャプチャできません。ページ全体をキャプチャしたいときはどうしても複数画像に切り分ける必要が出てきてしまいます。

そこで、Edge に備わっている **Web キャプチャ**を使用しましょう。ページ全体をキャプチャできるので、画面上に表示されていない部分も同時にコピーできます。

### Webキャプチャでページ全体をキャプチャする ➡ Edge

❶ Ctrl + Shift + S キーで起動する

❷ [ページ全体をキャプチャ] をクリック

❸ [コピー]をクリックして [×]ボタンで閉じる

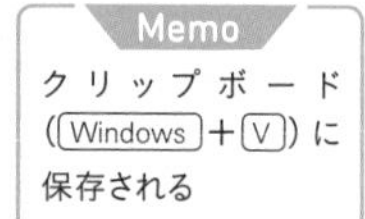

**Memo**

クリップボード（Windows + V）に保存される

**Point**

Webキャプチャはコピーだけでなく、画像検索（P.073参照）もできるのが便利なところです。画像検索したい場合は手順❷で[エリアをキャプチャする]を選択した後、ドラッグして範囲を指定します。そのうえで[画像検索]をクリックすると、関連した情報が検索結果に表示されます

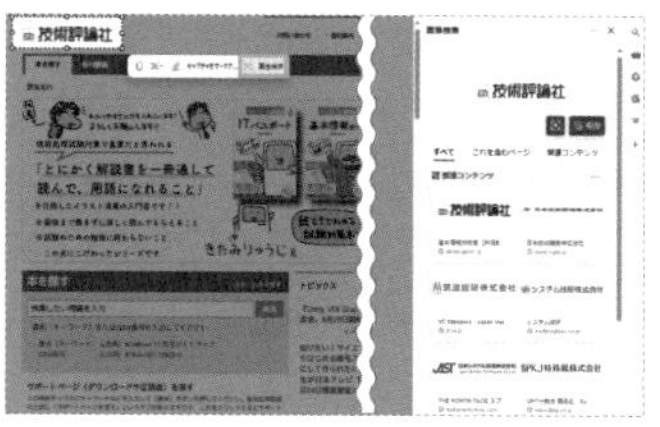

COLUMN

## 調べたノウハウを蓄積する「便利技メモ帳」づくり

ここで、私が昔パソコンスキル向上のためにやっていた勉強法を1つご紹介します。Excelと画面キャプチャの機能を使って、自分だけの**便利技メモ帳**を作成していました。

たとえば、Excel関数の解説や便利な技、Wordで知らなかった機能の記事をキャプチャして、Excelのワークシートに貼り付けます。キャプチャ画像であれば、記事が削除されても手元に残り続けます。

**▼Excelで作成する便利技メモ帳**

Web記事をキャプチャして貼り付け
目次をクリックすると該当シートに飛ぶ
便利技ごとにシートを分ける

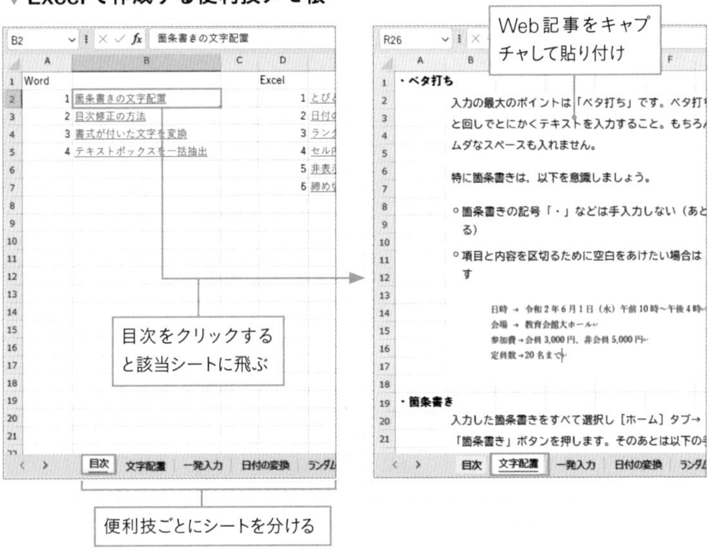

このようにまとめておけば、「あの関数どうやって使うんだっけ……」と忘れてしまった機能を再度検索せずにすみます。困ったときにいつでも開いて反復学習です。

さらに、上図のように1番目のワークシートはハイパーリンク機能を使用して、**目次**にしておくのをおすすめします。ワークシートが増えても、タイトルのセルをクリックするだけで目的のシートをすぐに表示できて、とても便利です。

## ハイパーリンクでシートの目次を作成する ➡Excel

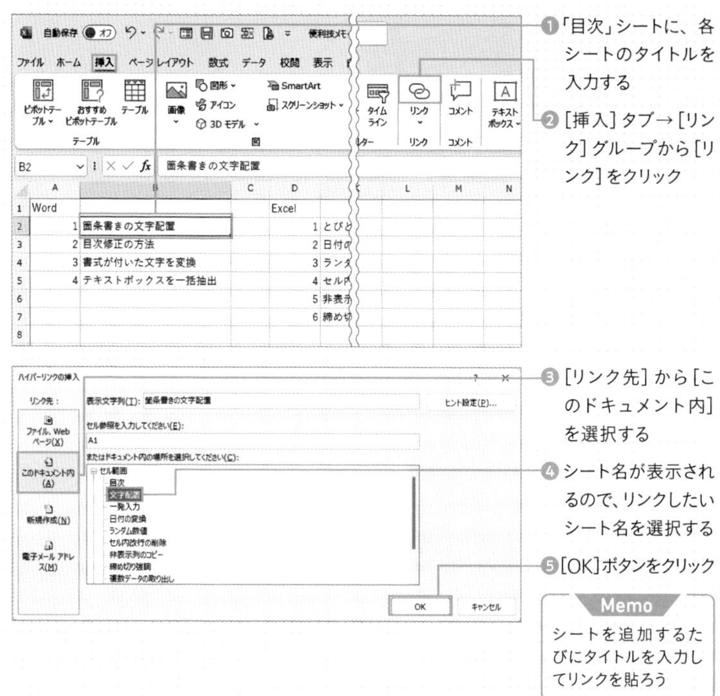


今は便利なアプリがたくさんあるので、もっと効率よくノートを作成する方法があるかもしれません。Webを活用して自分なりに反復学習ができる「便利技メモ帳」をぜひ作成してみてください。

CHAPTER

# 03

# 資料を最小の労力で作る！「資料作成」のスキル

使用ソフト　Word、Excel、PowerPoint

Word や Excel、PowerPoint は「学生時代にレポート作成やプレゼン発表で使ったことがある」方も多いでしょう。使い慣れていても、ビジネスでは資料作りの**意識を変える**必要があります。「わかりやすく相手に伝える」資料づくりはもちろん、それに加えて下記3点も重要です。

- **正確性**：ソフトの基本操作を正確におこない、ミスがない資料づくり
- **スピード**：限られた時間内で仕事を終わらせる資料づくり
- **共有性**：メンバー間で変更・修正するときに迷惑をかけない資料づくり

上記のような資料をつくるには、資料作成ソフトの**正しい知識**が必要です。しかし、社会人になりたての時期はわからないことだらけ。周りに聞きたくても、みんな忙しそうだと遠慮してしまうこともありますよね。そこで、本章では下記のスキルを身につけます。

### ① 各ソフトの基礎知識

今までなんとなく使ってきた Word や Excel、PowerPoint は思っている以上に、多機能でしくみが複雑です。まずは**各ソフトの特徴と基本操作**を身につけて、自信をもってソフトに向かいましょう。ここがわかっていれば、書籍やネットで自己解決できる力が養われます。

### ② 資料にあわせた使い分け

会社によっては、先輩たちがなんでも Excel で作成することもあるようです。「かんたんな文書や表なら Excel、図が多い資料は PowerPoint、長文作成のみ Word」などとソフトに限定したイメージを持つと、思わぬ時間を浪費してしまいます。新入社員の今だからこそ、固定概念にとらわれず、作成する資料にあわせた**使い分け**を覚えましょう。

### ③ ソフトに共通する機能

それぞれのソフトには、たくさんの機能があります。そのすべてを習得しましょうというわけではありません（もちろんそれに越したことはありませんが）。業務によって使用する機能も変わります。

そこで、どんな資料作成ソフトを使うことになっても、**ソフト間共通で役立つ機能**をご紹介します。「正確性／スピード／共有性」を高めるテクニックを、ぜひ身につけてください。

CHAPTER 03-01

# 5分でササっと編集する「Word」のキホン

## Wordは「ビジネス文書」や「長文」だけのソフト?

#基礎知識　#使い分け　#共通機能　#正確性　#スピード　#共有性

Wordといえば**ビジネス文書や長文作成**に向くイメージがあるでしょう。そのイメージどおり、Wordには「文字配置」「ページ番号の自動振り分け」「表紙や目次の設定」といった機能が備えられています。

**「じゃあ文書作成のときだけWordを使えばいいんだ」**と思いがちですが、じつはそうとも言いきれません。Wordの表作成機能には、Excelにない**セルの分割**機能があります。

たとえば、次図の表を作成したとしましょう。完成した後、上司に「決済印の欄だけを4つに変更してください」と言われたら、どうしますか？

**Wordは2つの操作で「決済印」欄を1つ増やせる!**

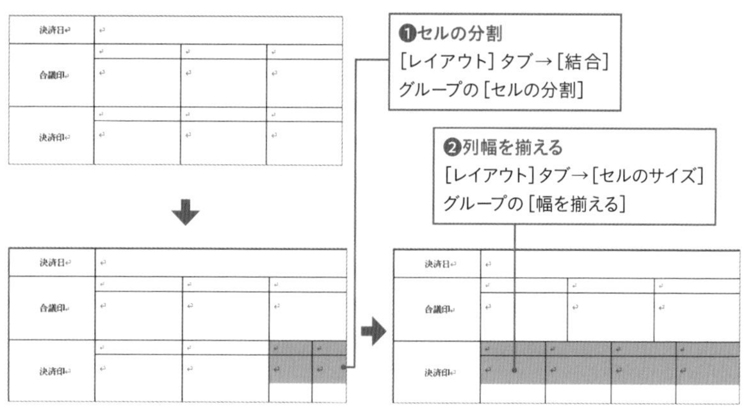

Wordで作った場合は、決済印の行だけ列を1列増やして、列幅を均等にします。「セルの分割」と「列幅をそろえる」の**2つの操作**で修正がすみます。

一方、Excelは、セルの分割ができないので、列をあらたに追加しなければなりません。表全体に影響が出て、表の幅が大きくなります。また、合議印の枠も1つ増えてしまいました。せっかく1ページ内におさめたのに、ふたたび調整が必要ですね。1つの修正指示だけで、たくさんの作業が必要になってしまいます。

**Excelで列を増やすと「合議印」欄も4列になる**

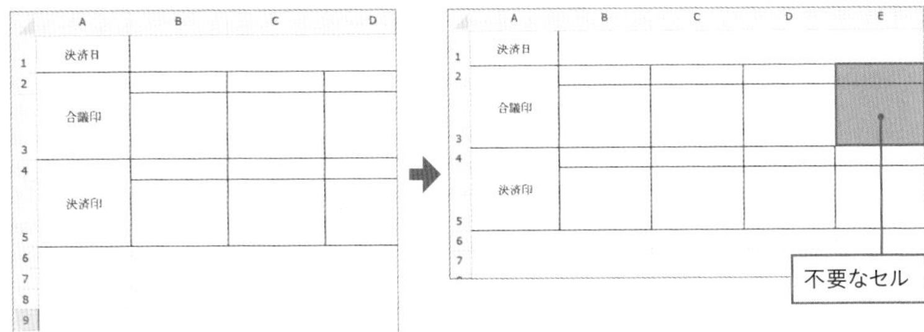


このように、Wordは表の列や行を自由に分割することで、複雑な表をとてもラクに編集できます。しかも、表編集機能だけでなく、グラフ機能や計算機能も備えているのです。意外と多機能なWordですが、あくまで文書作成ソフト。もしデータを管理したり、分析をしたりするなら、Excelのほうが向きます。

まとめるとWordは、**テキスト主体の資料**や**テキスト入力用の表**の作成に向くソフトと言えるでしょう。たとえば、以下の資料が挙げられます。

- ペラ1枚のお知らせ
- 契約書などの長文
- 入会申込書／稟議書／議事録など、文字入力用の表

Word の最初のスキルとして、本節では**A4 1 枚のビジネス文書**の作成方法を解説します。文字入力後、5 分でササっと編集ができるスキルを身につけることで、だれよりも自信をもって、Word に向かいましょう！

## Wordの文字入力のキホン「ベタ打ち」

#基礎知識　#正確性　#スピード　#共有性

Word は文書作成ソフト。まずは、**文字を入力する**ところからはじまります。

1 行目にタイトルを入力したら、文字サイズを大きくし、中央に配置する。Enterキーで改行して 2 行目を入力しよう。あらら、2 行目が大きな文字で中央に来てしまったので、文字サイズを戻して、左に寄せてから 2 行目を入力しなくちゃ……。

今まで、こんなふうに作成していませんでしたか？　Word は**改行すると書式をひきずってしまう**ので、入力しながらの文字編集は、効率が悪くなってしまいます。

**Wordは改行すると、書式をひきずる**

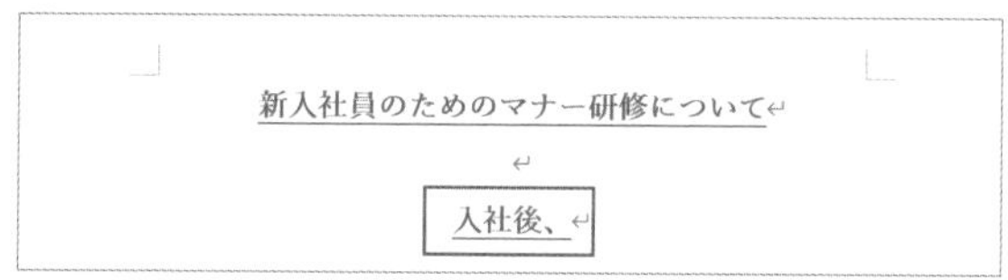


そこで、ペラ 1 枚くらいの文書なら、文字サイズや配置などは無視して、**文字入力だけ**をすませてしまいましょう。もちろん内容にあわせて改行はしますが、文字位置や大きさは気にせず、いったんすべて標準の書式設定で入力します。これが**ベタ打ち**と呼ばれる入力方法です。

## ベタ打ちのコツ

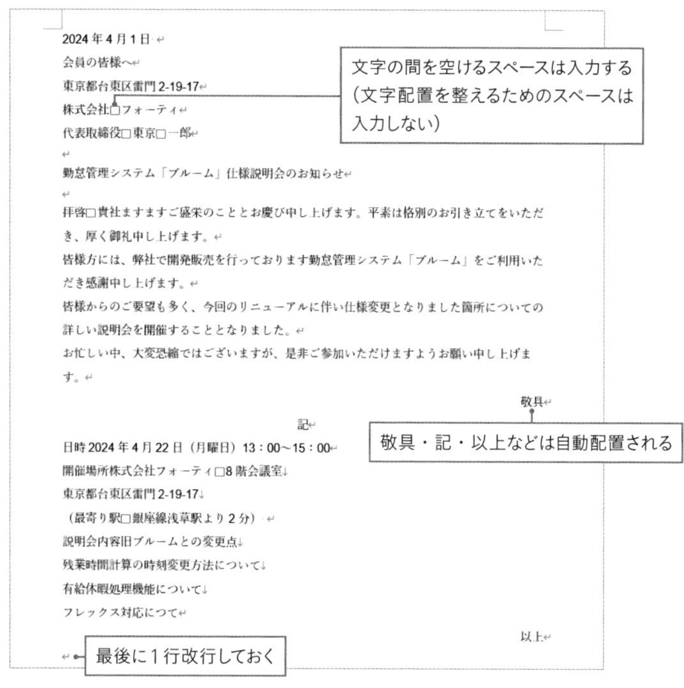
2024年4月1日
会員の皆様へ
東京都台東区雷門2-19-17
株式会社□フォーティ
代表取締役□東京□一郎

勤怠管理システム「ブルーム」仕様説明会のお知らせ

拝啓□貴社ますますご盛栄のこととお慶び申し上げます。平素は格別のお引き立てをいただき、厚く御礼申し上げます。
皆様方には、弊社で開発販売を行っております勤怠管理システム「ブルーム」をご利用いただき感謝申し上げます。
皆様からのご要望も多く、今回のリニューアルに伴い仕様変更となりました箇所についての詳しい説明会を開催することとなりました。
お忙しい中、大変恐縮ではございますが、是非ご参加いただけますようお願い申し上げます。

敬具

記
日時2024年4月22日（月曜日）13：00～15：00
開催場所株式会社フォーティ□8階会議室
東京都台東区雷門2-19-17
（最寄り駅□銀座線浅草駅より2分）
説明会内容旧ブルームとの変更点
残業時間計算の時刻変更方法について
有給休暇処理機能について
フレックス対応につて

以上

文字の間を空けるスペースは入力する（文字配置を整えるためのスペースは入力しない）
敬具・記・以上などは自動配置される
最後に1行改行しておく

「最後に **1行改行** しておくのはなぜ？」と思うかもしれません。書式設定後に「文末に文章を追加しよう！」とした場合、改行で前段落の書式を引きずってしまいます。それを避けるためにも、ベタ打ちの段階で最終行に1行新しい行を残しておきましょう。

## 編集の前に知っておきたい「選択」と「表示」

#基礎知識　#正確性　#スピード

ベタ打ちが終わったら、文書に書式設定などの編集をします。より効率的に編集するために、**選択**と**ルーラーと編集記号の表示**を知っておきましょう。

## ● 選択

パソコンの作業全体に言えることですが、基本手順は**「選択する」→「命令をする」**です。まず「選択する」ことが最初の操作になります。

Wordでの編集のコツは、同じ書式設定にしたいところは**まとめて選択する**こと。そして、**命令は一度に済ませる**ことが重要です。書式を同じにしたいのに、都度「選択→命令」をすると、書式が不統一になる可能性が高くなってしまいます。

しかし、なんでもドラッグで選択をしているためにうまく選択ができず、やり直しているうちに「文字があっちに飛んじゃった」ということも。正確に早くミスなく選択する方法を覚えておきましょう。

| | | |
|---|---|---|
| **単語の選択** | 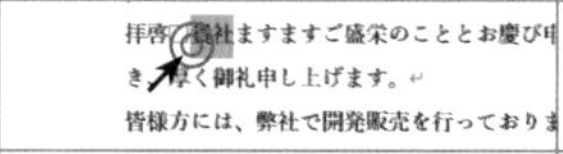 拝啓□貴社ますますご盛栄のこととお慶び申<br>き、厚く御礼申し上げます。↵<br>皆様方には、弊社で開発販売を行っておりま | 文字をダブル<br>クリック |
| **1行選択** | 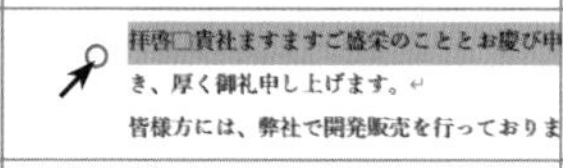 拝啓□貴社ますますご盛栄のこととお慶び申<br>き、厚く御礼申し上げます。↵<br>皆様方には、弊社で開発販売を行っておりま | 選択したい行の左余白をクリック |
| **段落選択** | 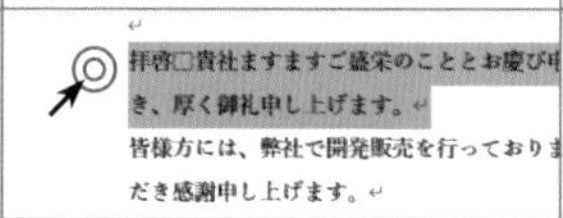 ↵<br>拝啓□貴社ますますご盛栄のこととお慶び申<br>き、厚く御礼申し上げます。↵<br>皆様方には、弊社で開発販売を行っておりま<br>だき感謝申し上げます。↵ | 選択したい段落の左余白を<br>ダブルクリック |
| **文書<br>全体選択** | 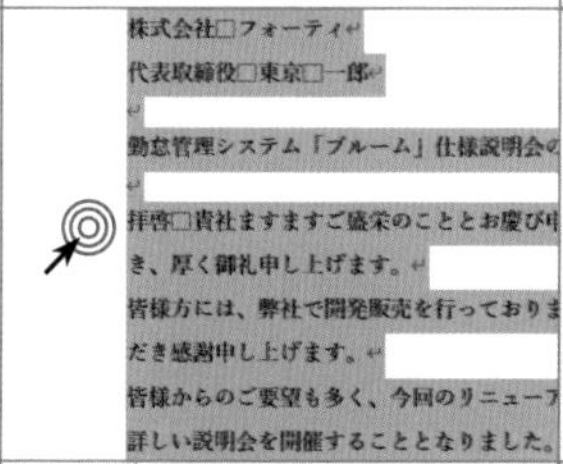 株式会社□フォーティ↵<br>代表取締役□東京□一郎↵<br>↵<br>勤怠管理システム「ブルーム」仕様説明会の<br>↵<br>拝啓□貴社ますますご盛栄のこととお慶び申<br>き、厚く御礼申し上げます。↵<br>皆様方には、弊社で開発販売を行っておりま<br>だき感謝申し上げます。↵<br>皆様からのご要望も多く、今回のリニューア<br>詳しい説明会を開催することとなりました。 | 左余白をトリプルクリック<br>（Ctrl＋Aキー） |
| **複数行の<br>選択** | 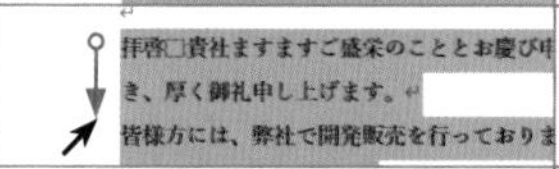 ↵<br>拝啓□貴社ますますご盛栄のこととお慶び申<br>き、厚く御礼申し上げます。↵<br>皆様方には、弊社で開発販売を行っておりま | 左余白を下に<br>ドラッグ |
| **離れた箇所<br>の選択** | 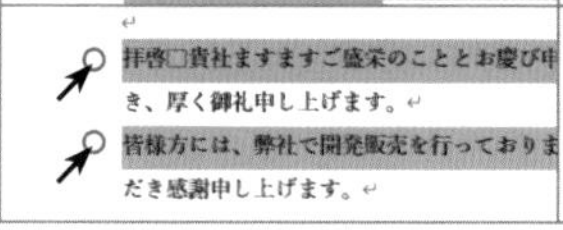 ↵<br>拝啓□貴社ますますご盛栄のこととお慶び申<br>き、厚く御礼申し上げます。↵<br>皆様方には、弊社で開発販売を行っておりま<br>だき感謝申し上げます。↵ | 上記いずれかの選択時にCtrlキーを<br>押しながら再操作 |

なお、Wordの**左側余白は「選択」領域**で**右側余白は「選択の解除」領域**です。選択を解除したいときは、右余白をクリックしましょう。

### 余白を使ってすばやく選択

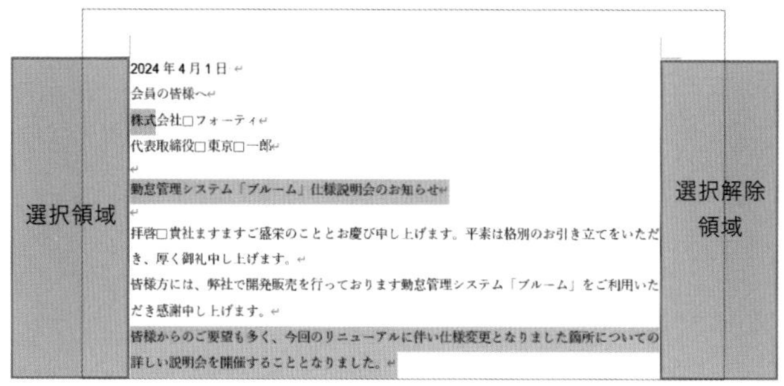


## ● 表示

Wordの編集に入る前に、表示しておきたい2つのWord機能があります。

- **ルーラー**：文字数を表すメモリ
- **編集記号**：どのような編集をしたかを表す記号

### ルーラーと編集記号の表示

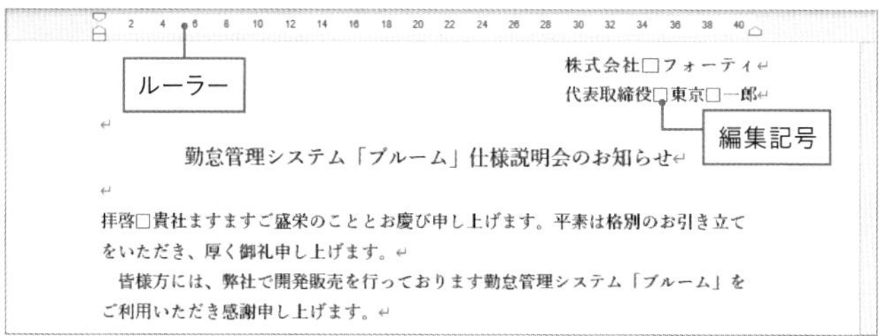


**ルーラー**は画面上にあるメモリです。1行に何文字入力できるのか、文字数の数値が表示されます。上図の文書であれば、1行に41文字入力可能だとわかりますね。ほかにも、左から何文字目で配置されているかなど、**カーソルを置いた段落の文字配置設定**を確認できます（具体的な確認方法はP.118参照)。

## ルーラーを表示する ➡ Word

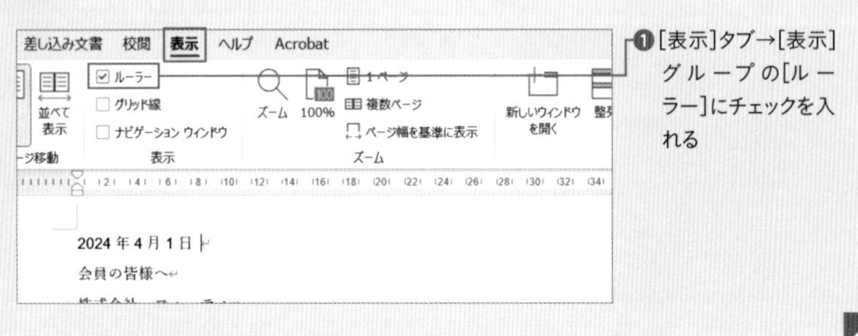


もう1つは**編集記号**です。編集記号は表示をONにすると、改行やスペースなどが画面上に表示されます（印刷はされません）。全角スペースは□で表示されるなど、どんな入力をしているのか、機能を使用しているのかが一目瞭然です。特にだれかが作成した資料を再編集したときにONにすると「どのような機能で編集したのか」がわかり、編集しやすくなります。

## 編集記号を表示する ➡ Word

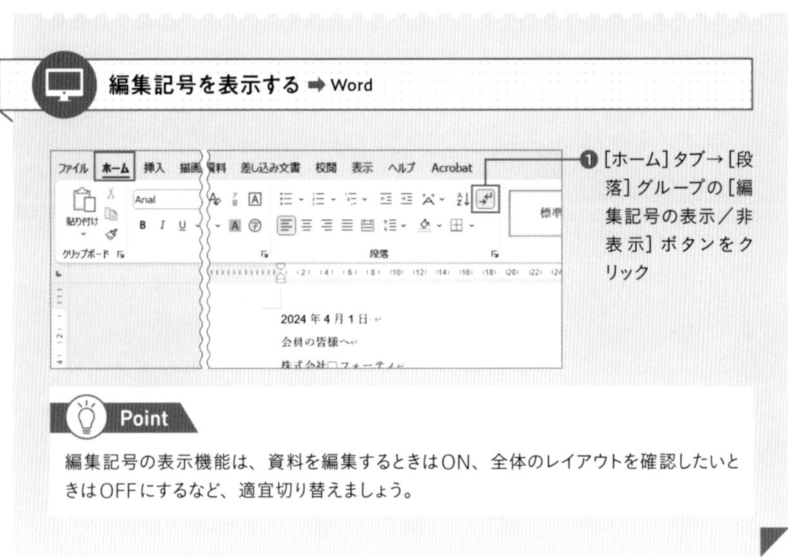


**Point**

編集記号の表示機能は、資料を編集するときはON、全体のレイアウトを確認したいときはOFFにするなど、適宜切り替えましょう。

## 文字配置になぜ「スペース」を使ってはいけないのか

#基礎知識　#正確性　#スピード　#共有性

資料作成において「読みやすい」「理解しやすい」「修正しやすい」「作業時間が短い」ことはとても重要です。そして、そのすべてに**文字の配置**が絡んできます。あなたはWordで文字をどのように配置しているでしょうか？

ベタ打ちの項目ではさらっと記載しましたが、スペースを使って文字位置を調整するのは絶対にやめましょう。スペースで調整すると、後から「2024年4月1日」を「2024年4月15日」に変更しただけで、配置が狂ってきます。さらに、配置のためにスペースを入力するので、そのぶん入力文字数が増えて作成時間もかかります。

### スペースで文字配置をした文書

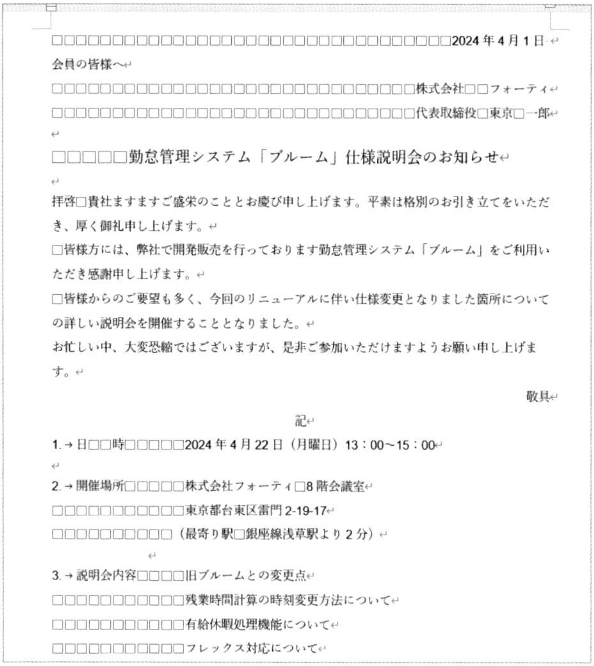

□□□□□□□□□□□□□□□□□□□□□□□□□□□□□□□□□2024年4月1日↵
会員の皆様へ↵
□□□□□□□□□□□□□□□□□□□□□□□□□□□□□□株式会社□□フォーティ↵
□□□□□□□□□□□□□□□□□□□□□□□□□□□□□□代表取締役□東京□一郎↵
↵
□□□□□勤怠管理システム「ブルーム」仕様説明会のお知らせ↵
↵
拝啓□貴社ますますご盛栄のこととお慶び申し上げます。平素は格別のお引き立てをいただき、厚く御礼申し上げます。↵
□皆様方には、弊社で開発販売を行っております勤怠管理システム「ブルーム」をご利用いただき感謝申し上げます。↵
□皆様からのご要望も多く、今回のリニューアルに伴い仕様変更となりました箇所についての詳しい説明会を開催することとなりました。↵
お忙しい中、大変恐縮ではございますが、是非ご参加いただけますようお願い申し上げます。↵

敬具↵

記↵

1.→日□□時□□□□□2024年4月22日（月曜日）13：00～15：00↵
↵
2.→開催場所□□□□□株式会社フォーティ□8階会議室↵
□□□□□□□□□□□東京都台東区雷門2-19-17↵
□□□□□□□□□□□（最寄り駅□銀座線浅草駅より2分）↵
↵
3.→説明会内容□□□□旧ブルームとの変更点↵
□□□□□□□□□□□残業時間計算の時刻変更方法について↵
□□□□□□□□□□□有給休暇処理機能について↵
□□□□□□□□□□□フレックス対応について↵

「読みにくい」「理解しにくい」「修正しにくい」「作業時間が長い」とまったくいいことはありませんね。では、どうやって文字配置すればいいでしょうか。

それは、Wordに備わっている**文字配置の機能**をちゃんと使うことです。段落の配置も文字幅の調整も、Wordの機能を活用したほうが、再編集もかんたんですし、スピーディーに配置できます。

まずはかんたんなところから、段落の**左揃え／中央揃え／右揃え**をしてみましょう。設定したい段落にカーソルを置いたあと、下図のショートカットキーを使います。

**ショートカットキーを駆使しよう**

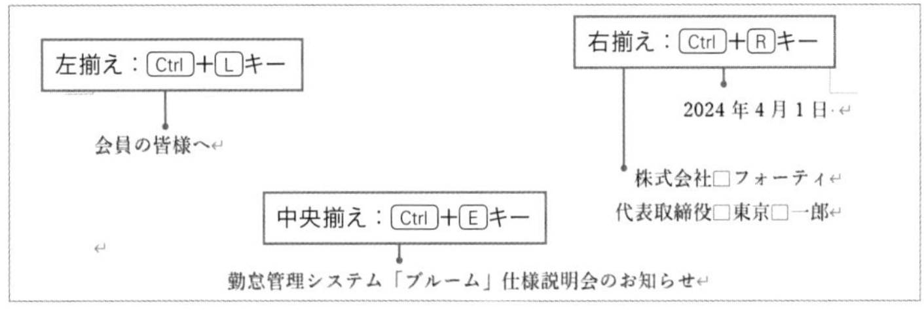


## 「段落」を理解すれば、Wordはもっと使いやすくなる!

#基礎知識　#正確性　#スピード　#共有性

**「Wordは思いどおりに操作できないし、扱いづらい」**

そう思いこんでいるなら、Wordの**段落**を正しく理解できていないのかもしれません。Wordの機能を正しく使うには、段落の扱いがとても重要です。

ここで言う「段落」とは、**改行までのまとまり**をいいます。たとえば、次の図を見てみましょう。さきほど編集した「2024年4月1日」は、これで1つの段落です。この段落には**文字を右揃え**にする書式設定を付けました。

続いて、本文の「皆様方には、～感謝申し上げます。」の段落を見てください。この段落は**1文字ぶん字下げ**になっています。段落は2行ありますが、「段落の最初の行だけ字下げしてね」という書式を設定しているので、2行目以降は字下げされません。

このように、**段落ごとにきちんと書式を設定する**ことで資料の読みやすさは格段にアップします。

**段落ごとの書式設定**

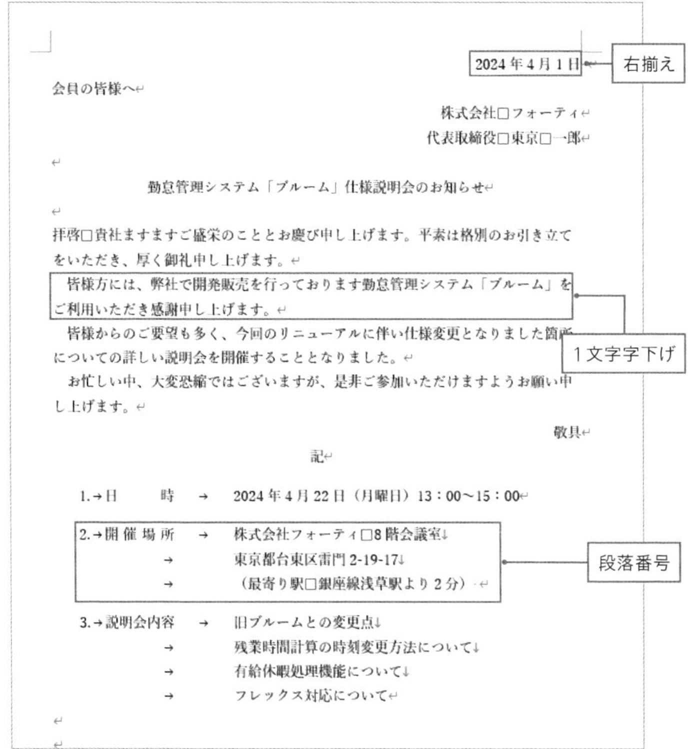


ここで難しいのは、箇条書きの部分です。上図の箇条書きの冒頭には**段落番号**（1.、2.、3.……）が設定されています。段落番号は、**1つの段落に1つの番号が付く**機能だと決まっています。ところが、完成例では「2.

開催場所～」と「東京都～」で行が変わっているのに、「東京都～」に番号が設定されていません。

これはおかしいぞ、と思いますよね。じつは「2. 開催場所～」と「東京都～」は段落を分けているわけではありません。「2. 開催場所～」行の末尾を見ると、ふつうの改行マークとは、ちょっと違うことがわかるでしょう。これは**段落内改行**といい、**Shift ＋ Enter キー**で改行しています。

こうすることで、１つの段落内で行を分けられます。段落番号は段落単位で設定される機能なので、行を分けただけの「東京都～」にはつかない、というわけです。

**通常の改行と段落内改行**

改行：Enterキー
2.→開 催 場 所　→　株式会社フォーティ□8 階会議室↵
3.→　→　東京都台東区雷門 2-19-17↵
前段落の書式設定が引きずられて段落番号が付く
段落内改行：Shift＋Enterキー
2.→開 催 場 所　→　株式会社フォーティ□8 階会議室↓
→　東京都台東区雷門 2-19-17↵
前行と同じ段落なので、段落番号が付かない

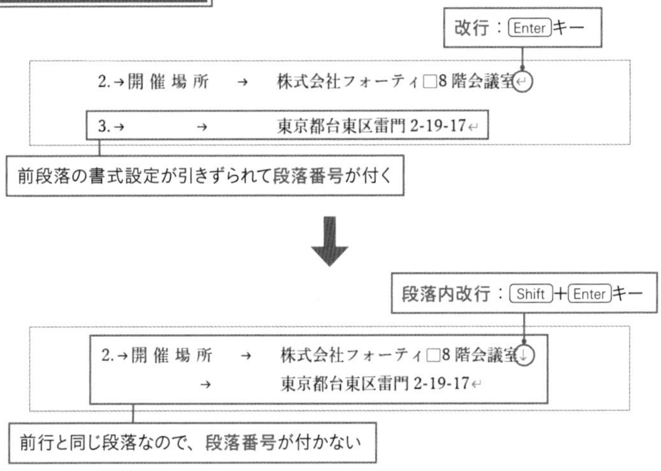

このしくみをちゃんと理解できていれば、後から内容が追加になったとしても、「勝手に段落番号を振られたくない」行ならShift＋Enterキーで改行すればいいことがわかります。

「段落」を正確に理解しておくと、ビジネス文書作成は驚くほど早くきれいに作成できます。実際にベタ打ち状態の箇条書きに、段落番号を付けてみましょう。

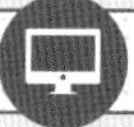

## 段落に「段落番号」を付ける ➡Word

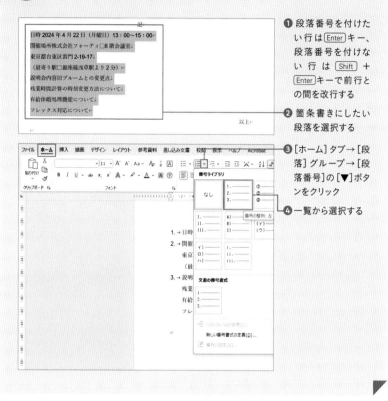

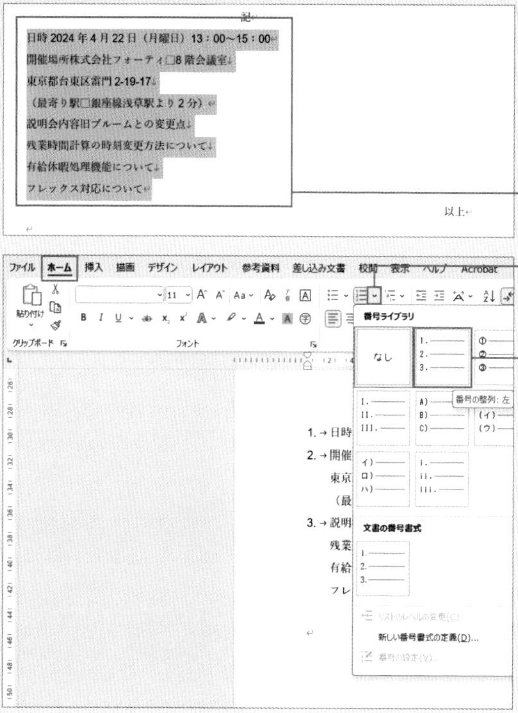

記
日時 2024 年 4 月 22 日（月曜日）13：00〜15：00
開催場所株式会社フォーティ□8 階会議室
東京都台東区雷門 2-19-17
（最寄り駅□銀座線浅草駅より 2 分）
説明会内容旧ブルームとの変更点
残業時間計算の時刻変更方法について
有給休暇処理機能について
フレックス対応について
以上
ファイル ホーム 挿入 描画 デザイン レイアウト 参考資料 差し込み文書 校閲 表示 ヘルプ Acrobat
番号ライブラリ
なし
番号の整列: 左
文書の番号書式
新しい番号書式の定義(D)...

❶ 段落番号を付けたい行は[Enter]キー、段落番号を付けない行は[Shift]＋[Enter]キーで前行との間を改行する

❷ 箇条書きにしたい段落を選択する

❸ [ホーム] タブ→[段落] グループ→[段落番号]の[▼]ボタンをクリック

❹ 一覧から選択する



## 字下げには3種類ある

#基礎知識　#正確性　#スピード　#共有性

段落のしくみがわかったところで、前項で触れた**字下げ**をくわしく見ていきましょう。字下げとあわせておさえたいのが、P.111 で表示した**ルーラーのボタン**です。ルーラーのボタンは、次のページの図のように 3 つの要素で構成されます。

**ルーラーのボタン**

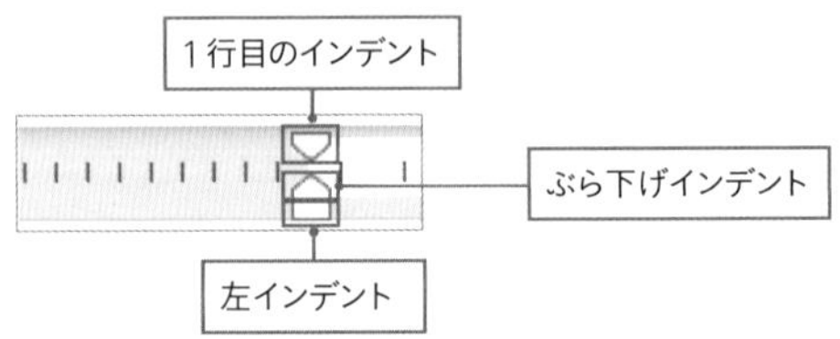


字下げを段落に設定すると、このルーラーのボタンが連動します。ボタンの動きにも注目しながら、**字下げの３種類**を確認しましょう。

### ●１行目を字下げする

１つ目は、段落の**１行目の字下げ**です。前項でも、本文を１文字ぶん字下げしていましたね。改行したことをわかりやすくするために、段落の１文字を字下げするケースが多いです。１行目を字下げすると、ルーラーの**「１行目のインデント」ボタン**が右にズレます。

**1行目の字下げ**

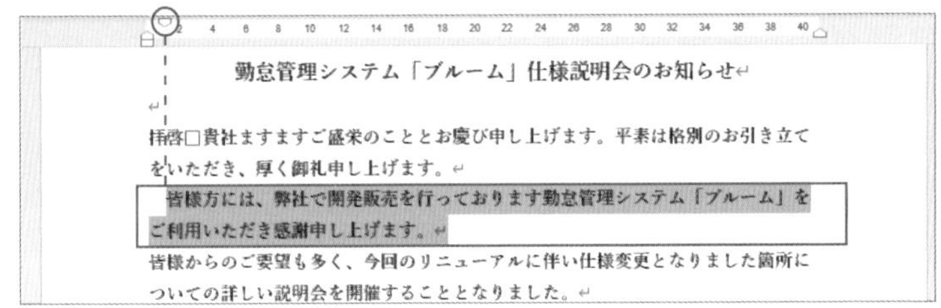


実際に、本文に１行目のインデントを設定してみましょう。段落を選択後、ルーラーの「１行目のインデント」ボタンを直接ドラッグすると設定できますが、ドラッグではぴったり１文字下げることは難しいです。次の手順のように、「段落」のオプションから**数値で指定する方法**をおすすめします。

## 1行目のインデントを設定する ➡ Word

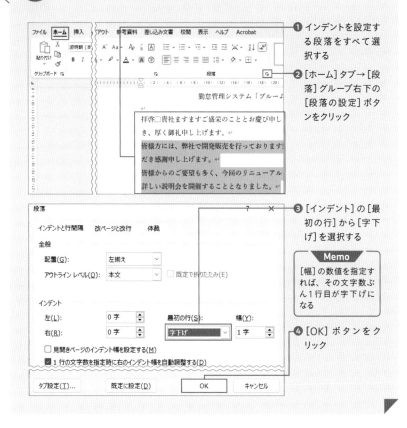

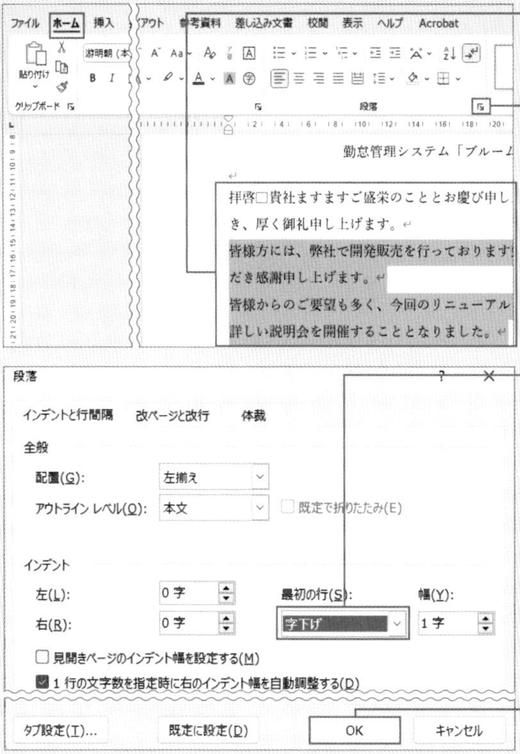

❶ インデントを設定する段落をすべて選択する

❷ [ホーム] タブ→ [段落] グループ右下の [段落の設定] ボタンをクリック

❸ [インデント] の [最初の行] から [字下げ] を選択する

**Memo**

[幅] の数値を指定すれば、その文字数ぶん1行目が字下げになる

❹ [OK] ボタンをクリック

### ● 段落の2行目以降を字下げする

2つ目は、**2行目以降の字下げ**です。たとえば、次のページの図のような「お願い：～」の段落のとき。2行目の行頭は1行目の「弊社内に～」にそろえたいですよね。このように、段落の**2行目以降の文字の位置を固定したい**ときに使用します。

2行目以降の字下げをすると、ルーラーの**「ぶら下げインデント」のボタン**と**「左インデント」のボタン**が右にズレます。

### 2行以降の字下げ

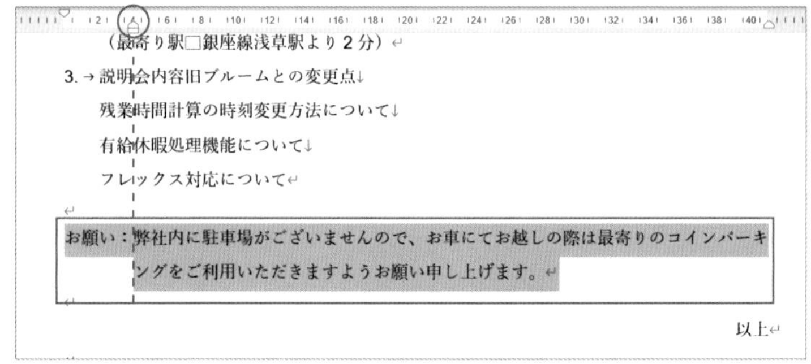


こちらも、「ぶら下げインデント」ボタンをドラッグして字下げできますが、次の手順のように文字数で指定しましょう。

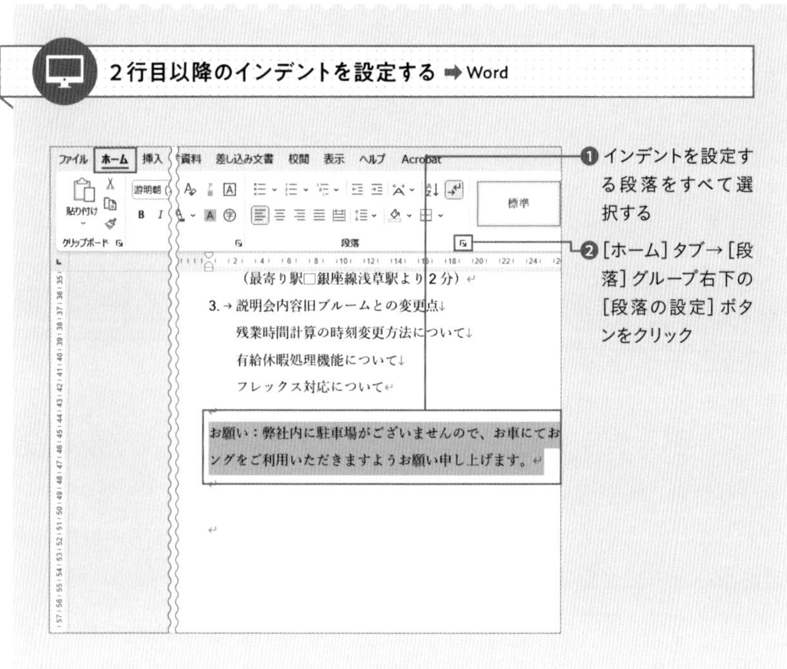

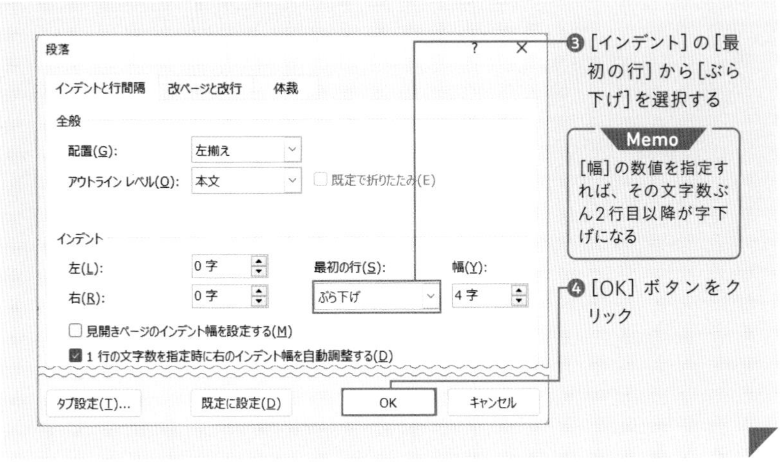


## ● すべての行を字下げする

最後は**段落中のすべての行の字下げ**です。たとえば、文書内で箇条書きの部分を目立たせたいとき。箇条書き全体を字下げすれば、本文と区別されて、より箇条書きが強調されます。1行目も2行目以降も字下げされるので、**ルーラーの3つのボタン**すべてが右にズレます。

**すべての行を字下げ**

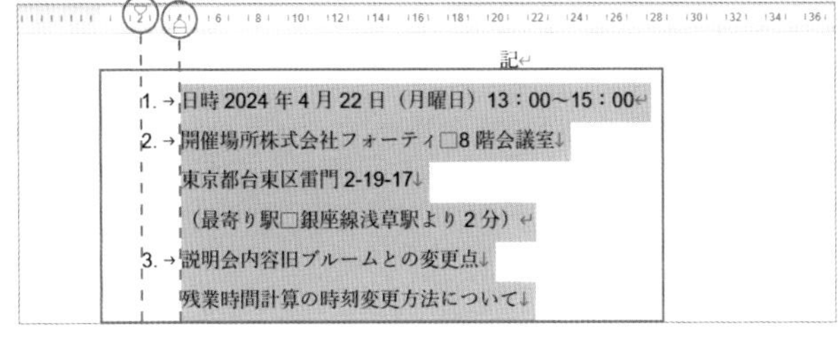


ほか2つの字下げと同様に「段落」画面から（［インデント］の［左］の数値）でも字下げできますが、**［インデントを増やす］ボタン**を使用したほうがかんたんです。

### 段落全体のインデントを設定する ➡ Word

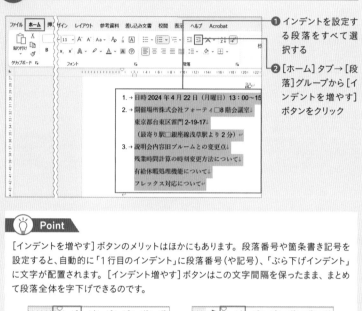

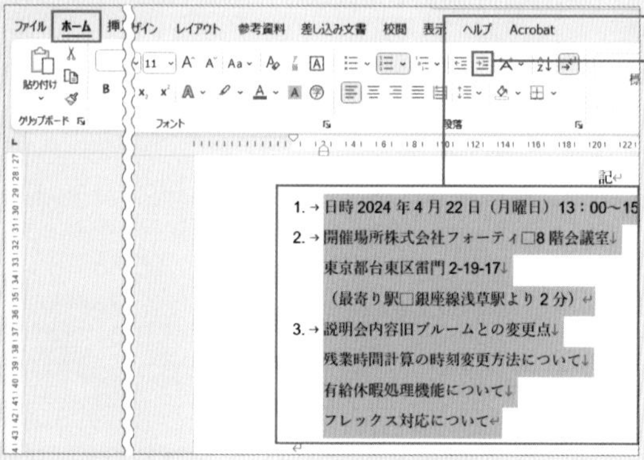

❶ インデントを設定する段落をすべて選択する

❷ [ホーム] タブ→ [段落] グループから [インデントを増やす] ボタンをクリック

1. → 日時 2024 年 4 月 22 日（月曜日）13：00～15
2. → 開催場所株式会社フォーティ□8 階会議室
東京都台東区雷門 2-19-17
（最寄り駅□銀座線浅草駅より 2 分）
3. → 説明会内容旧ブルームとの変更点
残業時間計算の時刻変更方法について
有給休暇処理機能について
フレックス対応について

**Point**

[インデントを増やす] ボタンのメリットはほかにもあります。段落番号や箇条書き記号を設定すると、自動的に「1 行目のインデント」に段落番号（や記号）、「ぶら下げインデント」に文字が配置されます。[インデント増やす] ボタンはこの文字間隔を保ったまま、まとめて段落全体を字下げできるのです。

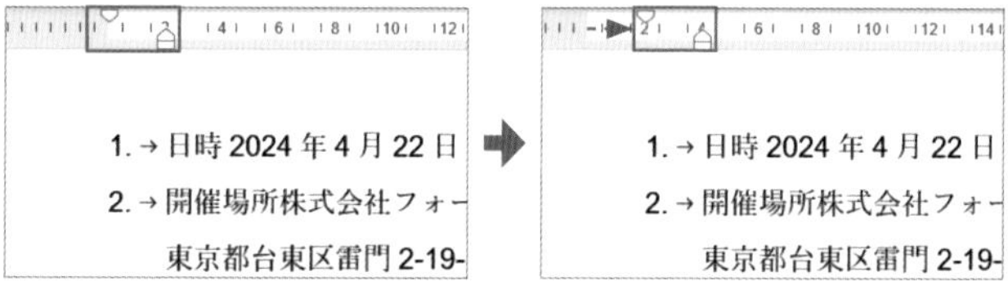

1. → 日時 2024 年 4 月 22 日
2. → 開催場所株式会社フォー
東京都台東区雷門 2-19-

➡

1. → 日時 2024 年 4 月 22 日
2. → 開催場所株式会社フォー
東京都台東区雷門 2-19-

## タブを活用して、箇条書きを読みやすくしよう

#基礎知識　#正確性　#スピード　#共有性

簡潔に物事を伝えられる**箇条書き**。箇条書きのメリットを存分に活かすには、情報を整理してわかりやすく表現する必要があります。たとえば、情報が密集して理解の妨げにならないように、**項目**（1. 日時）とその**内容**

（2024年4月22日～）は適度に離したいですし、次の項目の内容（株式会社～）と文字位置をそろえなければなりません。

このように、文字間をあけて配置をそろえるときは、**タブ**を使用しましょう。

## タブを使って箇条書きをよりわかりやすくする

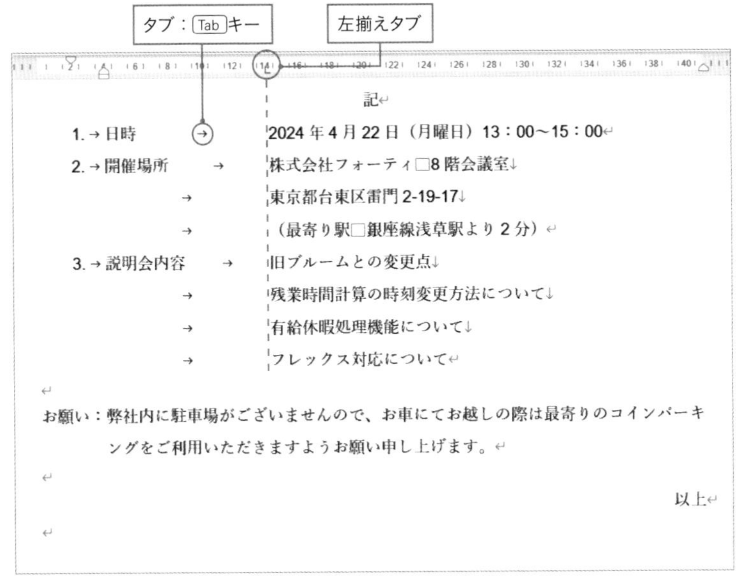


タブとは**「文字を飛ばす」機能**で、キーボードのTab **キー**を押すと、カーソルのある位置の文字が指定した位置に飛びます。特に指定しなければ、「4文字目・8文字目……」と4の倍数の位置に文字が飛びます。

このタブも、字下げのときと同様、**ルーラー**と連動しています。ルーラーを直接クリックすると**「左揃えタブ」マーク**が追加されて、その位置に文字が飛びます。

気をつけたいのは、**段落内改行**をした行の文字配置です。Tabキーでは配置できないため、**Ctrl + Tab キー**を使うことを覚えておいてください。まとめると、次の手順で操作します。

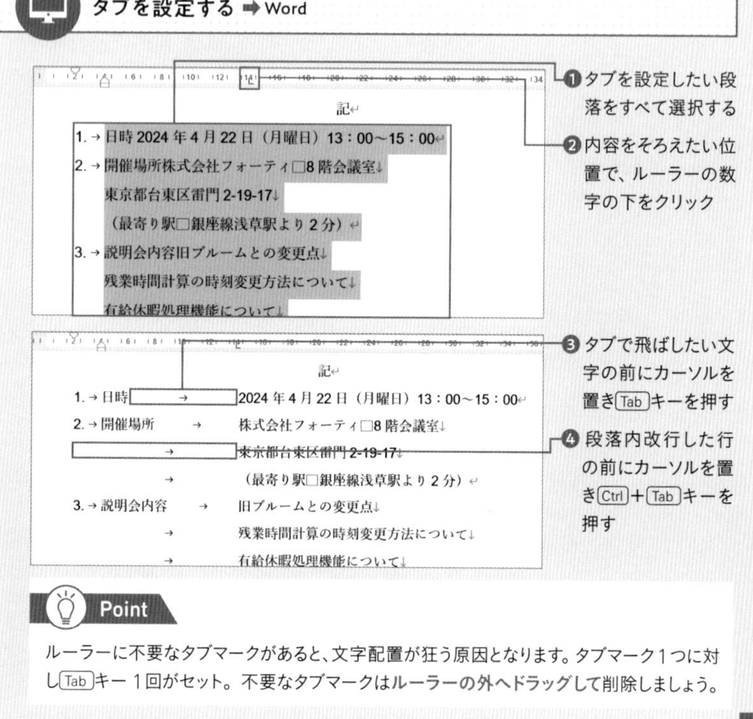


## 文字幅はWordの機能でそろえる

#基礎知識　#正確性　#スピード　#共有性

前項で、文字間を空ける操作をご説明しましたが、箇条書きをわかりやすくする工夫はまだまだあります。

たとえば、「日時」「開催場所」「説明会内容」の項目同士は、**文字の幅**がそろっていると、レイアウトがすっきりとして項目だと伝わりやすくなります。このとき、**一番多い文字数**は「説明会内容」の５文字なので、「日時」や「開催場所」も５文字の文字幅に広げましょう。

## 文字幅を広げるとレイアウトが整う

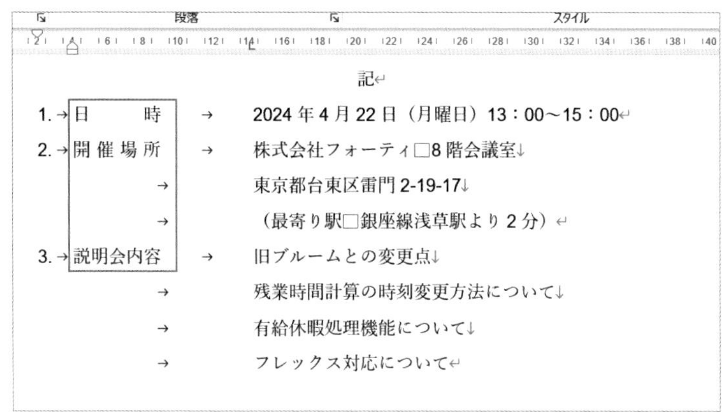


この文字幅をそろえるときも、スペースでは調整しません。フォントの種類やアルファベット、英数字次第で、1文字の文字幅は変わってくるため、きちんとそろえられないことが多いからです。また、あとから「開催場所」を「場所」に修正するときはあらためて整えなければなりません。

そこで、Wordが備えている**文字の均等割り付け**を使いましょう。文字均等割り付けは文字幅をそろえる機能で、あとから文字を修正しても、文字幅はきちんとそろいます。設定した箇所にカーソルを置くと、**水色の下線**（均等割り付けの編集記号）が表示されますので、目印にしてください。

なお、箇条書き以外にも、下図のように4文字の会社名と5文字の役職名を「5文字」にそろえるときにも活用できます。

## 均等割り付け前と割り付け後

### 「均等割り付け」で文字幅をそろえる ➡ Word

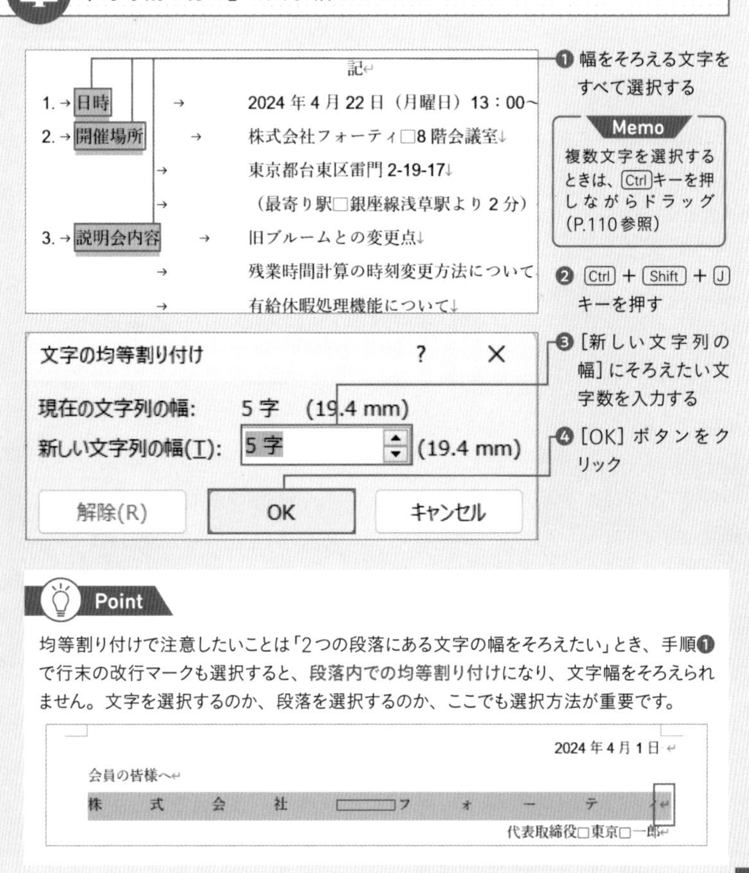


**Point**

均等割り付けで注意したいことは「2つの段落にある文字の幅をそろえたい」とき、手順❶で行末の改行マークも選択すると、段落内での均等割り付けになり、文字幅をそろえられません。文字を選択するのか、段落を選択するのか、ここでも選択方法が重要です。



## 段落間／行間の違いを明確にしよう

#基礎知識　#正確性　#スピード　#共有性

Word基礎スキルの仕上げとして、**行間**の文字配置をマスターしましょう。これまで段落や文字の横の位置を気にしてきましたが、ここでは**縦の**

**文字位置**を意識します。

たとえば、箇条書きが長くなって複数行になる場合は、ほかの段落の箇条書きとは区別したいですね。それぞれの段落ごとに間をあけると、**ブロック化**されて箇条書きの区切りが理解しやすくなります。

**箇条書きの段落の前を空ける**

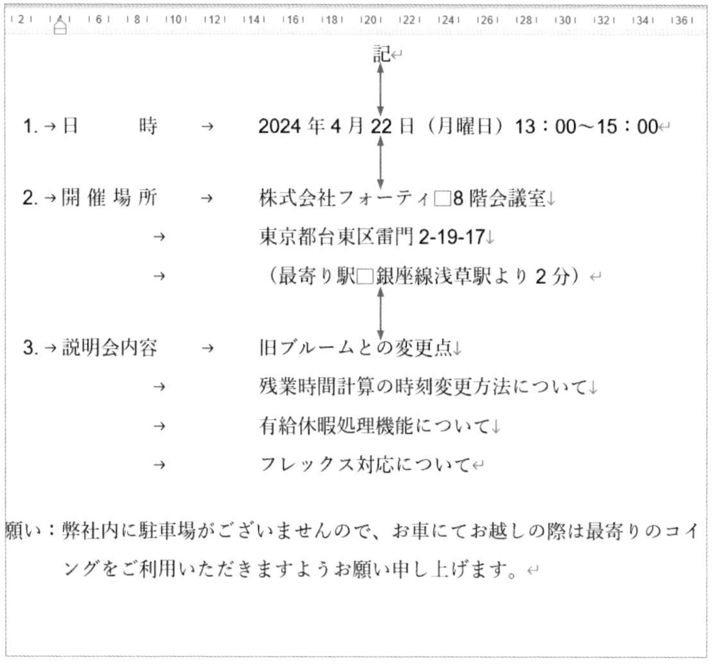


しかし、[ホーム] タブ→ [段落] グループの [行と段落の間隔] ボタンから行間を空けると、すべての行間が開いてしまいます。それでは逆にわかりにくくなってしまいますね。

そこで、あらためて**段落の考えかた**が出てきます。行間ではなく、**段落同士の間**を空ければ、箇条書きの内容が3ブロックにまとめられ読みやすくなります。

## 段落間を広げる ➡ Word

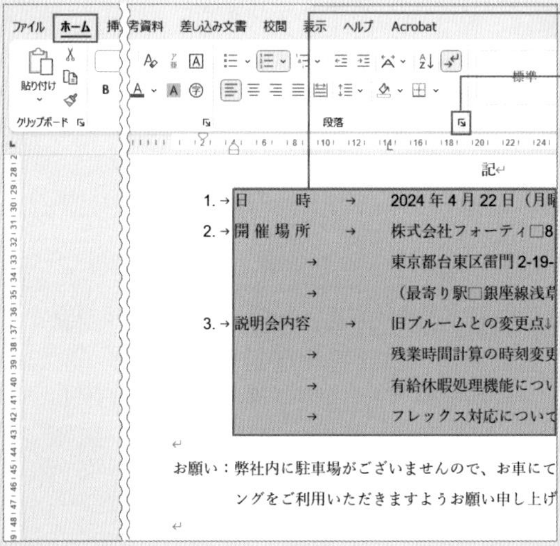

❶設定したい段落をすべて選択する

❷［ホーム］タブ→［段落］グループから［段落の設定］ボタンをクリック

❸［間隔］の［段落前］に「1.5行」と入力する

❹［OK］ボタンをクリック

COLUMN

## 行間を思いどおりに調整する方法

Wordで文書を編集するなかで「思いどおりの行間にならない！」という現象に身に覚えはありませんか？

たとえばフォントや行間、レイアウトを設定すると「行間が開きすぎてしまう」ケースです。なぜ行間が開いてしまうのでしょうか？

理由は使用しているフォントによるものです。各フォントが持つ行間はそれぞれ異なり、Wordでは「文字サイズ＋上下の余白」が行間となります。この行間が行グリッドの1行ぶんを超えてしまうと、下図のようにWordが2行ぶんとろうとするためにおこる現象です。

**▼同じサイズの游明朝とMS明朝でも行間が違う！**

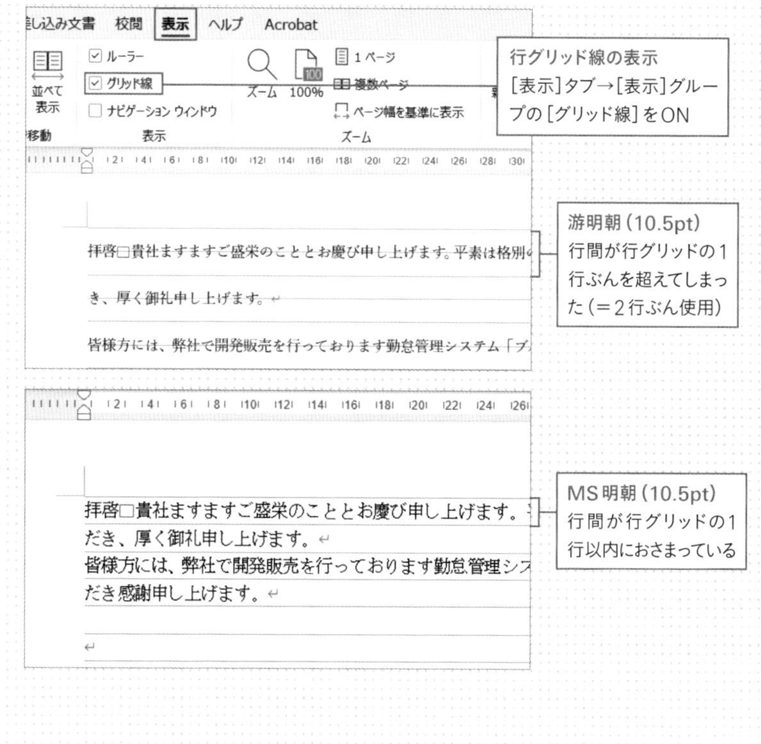


CHAPTER 03 資料を最小の労力で作る！「資料作成」のスキル

文字を行グリッド線に合わせない設定にすることで、行間が開くのを防げます。次のように設定しましょう。

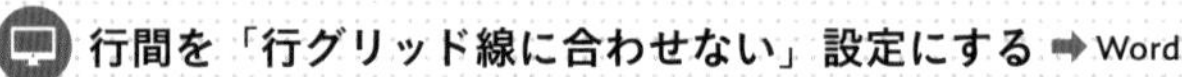

## 行間を「行グリッド線に合わせない」設定にする ➡ Word

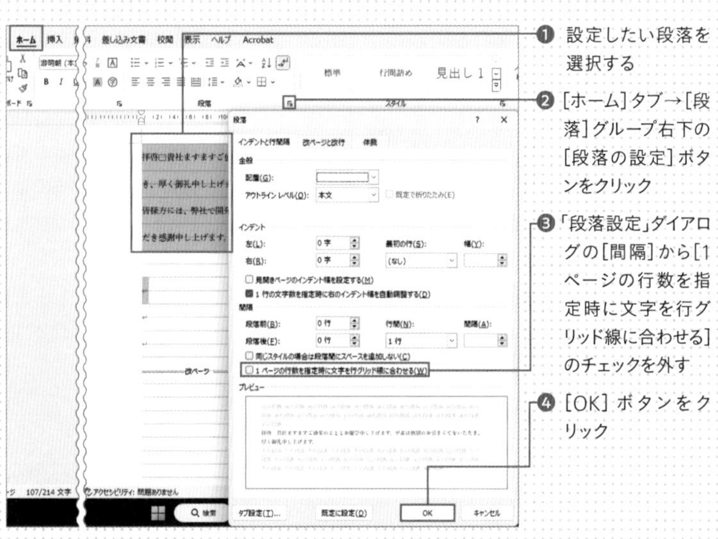

❶ 設定したい段落を選択する
❷ [ホーム]タブ→[段落]グループ右下の[段落の設定]ボタンをクリック
❸「段落設定」ダイアログの[間隔]から[1ページの行数を指定時に文字を行グリッド線に合わせる]のチェックを外す
❹ [OK] ボタンをクリック


### Point

上記の操作方法は手順❶で選択した段落のみに設定されます。文書全体を一括で設定したいなら下記のように操作しましょう。

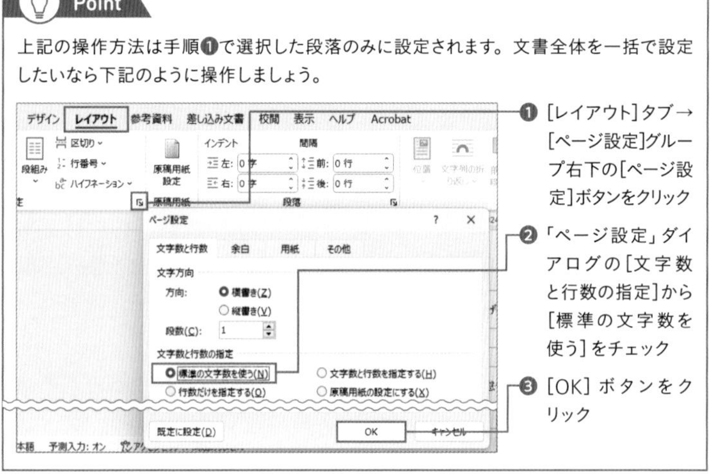

❶ [レイアウト]タブ→[ページ設定]グループ右下の[ページ設定]ボタンをクリック
❷「ページ設定」ダイアログの[文字数と行数の指定]から[標準の文字数を使う]をチェック
❸ [OK] ボタンをクリック

また、行間は数値を入力して自由に設定することもできます。次のように「段落の設定」ダイアログから操作しましょう。

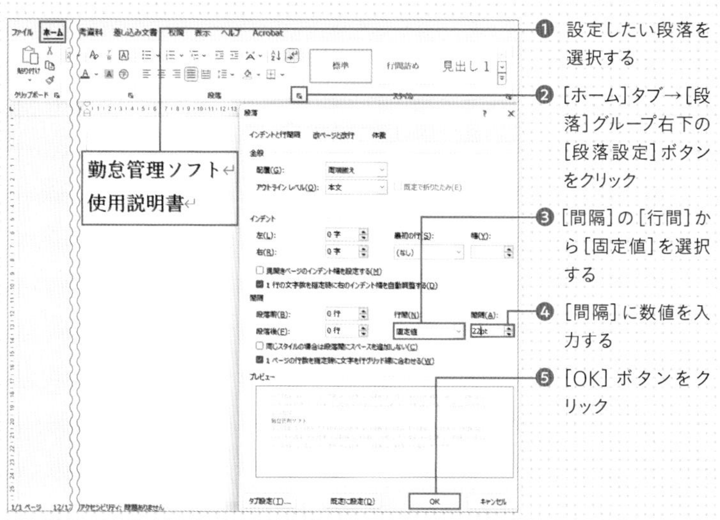


このときのポイントは、間隔の数値を文字サイズよりも大きくすることです。

▼「文字サイズ」と「間隔で指定する数値」の関係

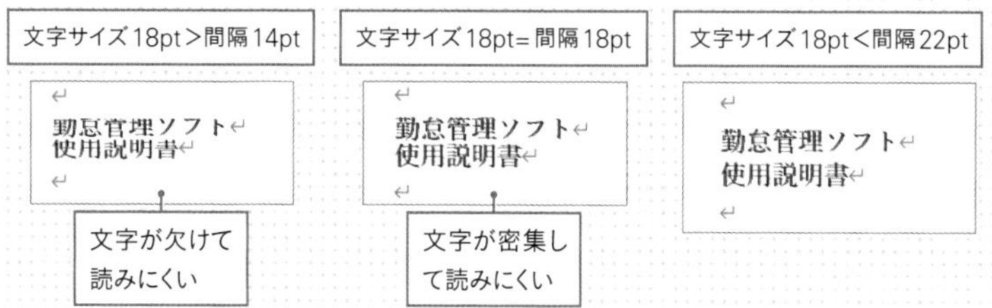


文字サイズより［間隔］の数値が小さければ文字が欠けてしまい、同じ数値にすると行間がなくなり文字が密集してしまいます。

以上のことに注意すると、思いどおりに行間を整えることができます。

CHAPTER 03-02

# 複雑なしくみに思える「Excel」の攻略法

## Excelで作成する表は２種類

＃基礎知識　＃使い分け　＃正確性　＃スピード　＃共有性

Excelは仕事でよく使われる**表計算ソフト**です。「Excelは今まであまり使ってこなかった……」なんて方も、使いかたを覚える必要が出てくるでしょう。

表計算ソフト、というからには表を作成できるわけですが、具体的にはどんな表を作成するのでしょうか。大きく分けると**リスト表**と**集計表**の２種類があります。

### ● リスト表（データベース）

日々の売上の明細や経費の明細などを、**1行1明細**で入力した表がリスト表です。このリスト表を使って、さまざまな集計をして、グラフ作成やデータ分析をします。集計のもとになる**一番大切なデータの集合体**と言えるでしょう。

**データの集合体「リスト表」**

1行目はタイトル行（項目）

| | A | B | C | D | E | F | G |
|---|---|---|---|---|---|---|---|
| 1 | 日付 | 課名 | 担当者名 | 地区名 | 得意先名 | 業種名 | 売上額 |
| 2 | 2023/4/1 | 営業１課 | 酒井　彰 | 港　区 | AMI | アパレル | ¥159,506 |
| 3 | 2023/4/1 | 営業２課 | 渡辺　達也 | 千代田区 | カサンドラ | 小売店 | ¥2,788 |
| 4 | 2023/4/1 | 営業２課 | 渡辺　達也 | 渋谷区 | ひまわり | 売店 | ¥14,463 |
| 5 | 2023/4/2 | 営業１課 | 佐々木　誠一 | 板橋区 | 山口不動産 | 動産 | ¥14,008 |
| 6 | 2023/4/2 | 営業２課 | 渡辺　達也 | 千代田区 | メンズ　アイ | アパレル | ¥28,314 |
| 7 | 2023/4/2 | 営業２課 | 渡辺　達也 | 千代田区 | ブティック　K | アパレル | ¥28,419 |

1行に1明細

⋮

### ● 集計表

リスト表に入力されたデータを**集計した表**が集計表です。リスト表にある項目を利用して、あらゆる角度から集計します。具体的には、合計や平均、構成比や売上目標達成率……そして、グラフもこの集計表をもとに作成されます。

**集計値をまとめた「集計表」**



| | A | B | C | D | E | F | G | H |
|---|---|---|---|---|---|---|---|---|
| 1 | | 4月 | 5月 | 6月 | 7月 | 8月 | 9月 | 総計 |
| 2 | 営業１課 | 6,467,617 | 6,472,761 | 7,104,827 | 6,740,837 | 7,186,766 | 8,039,131 | 42,011 |
| 3 | 営業２課 | 5,852,973 | 6,758,121 | 6,001,539 | 7,872,906 | 6,669,188 | 7,985,847 | 41,140 |
| 4 | 営業３課 | 6,089,830 | 7,134,101 | 5,663,681 | 6,507,871 | 6,920,467 | 7,283,957 | 39,599 |
| 5 | 営業４課 | 7,405,738 | 7,410,486 | 7,341,788 | 8,166,491 | 7,235,146 | 6,977,430 | 44,537 |
| 6 | 総計 | 25,816,158 | 27,775,469 | 26,111,835 | 29,288,105 | 28,011,567 | 30,286,365 | 167,289 |



このように、Excel は、日々のデータを蓄積して表にまとめたり、さまざまな関数やグラフを使用して計算や分析したりするなど、**数値データを扱う作業**に適しています。以下のような資料作成で、Excel は活躍するでしょう。

- 商品一覧や顧客名簿・社員名簿など、固定情報を入力する表
- 売上・在庫・発注データなど、日々変化するデータを入力する表
- 発注書・納品書・請求書など、くり返し作成する帳票類
- 集計表やグラフなど、データ分析をともなう資料

もちろん Excel で文書を作成することもできますが、Word と違い、自由な文字配置やページ番号の振り分け・表紙や目次の自動作成の機能はありません。Word と同じような文書を作成するにはかなりの手間と時間がかかってしまいます。

## Excelを理解するはじめの１歩「セルの二重構造」

#基礎知識　#使い分け　#正確性　#スピード　#共有性

Excelでまず重要なことは、**セルの二重構造**です。「日付を入力したら勝手に変わっちゃう」現象に覚えはないでしょうか。

たとえば、Excelのセルに「1/1」と入力し[Enter]キーを押すと、自動的に「1月1日」と表示されます。**セルが持つデータ**と**ワークシートに表示され印刷されるデータ**が異なる。これが、セルの二重構造です。

### 日付や数式を入力すると、表示が変化する

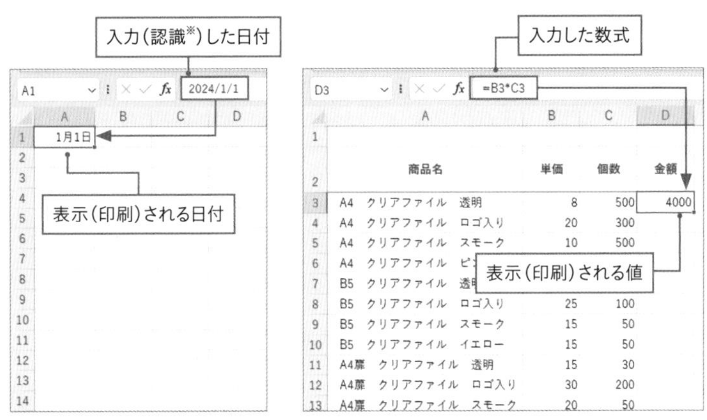


※年号を省いて入力する（1/1）と、入力した年（2024年）と自動で認識される

この表示方法を変えたいときは、Excelが持つ**「表示形式」機能**で設定できます。同じデータでも、「2024/1/1」や「令和６年１月１日」……と、設定の違いで変化させることができるのです。

ほかにも、数値データに￥記号を付ける、％表示にする、コンマ区切りを付ける……といった表示も、表示形式で設定できます。これら頻出の表示形式は**［ホーム］タブ→［数値］グループ**から各種ボタンで設定できます。

## [ホーム] タブ→ [数値] グループのボタン

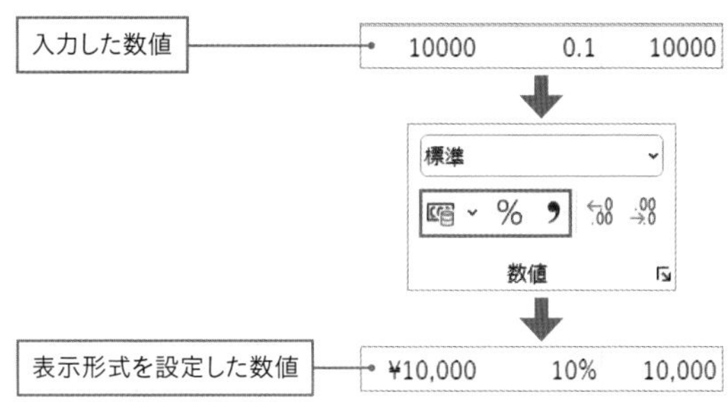


それ以外の表示形式の設定方法もあわせて、覚えておきましょう。

### 表示形式を設定する ➡ Excel

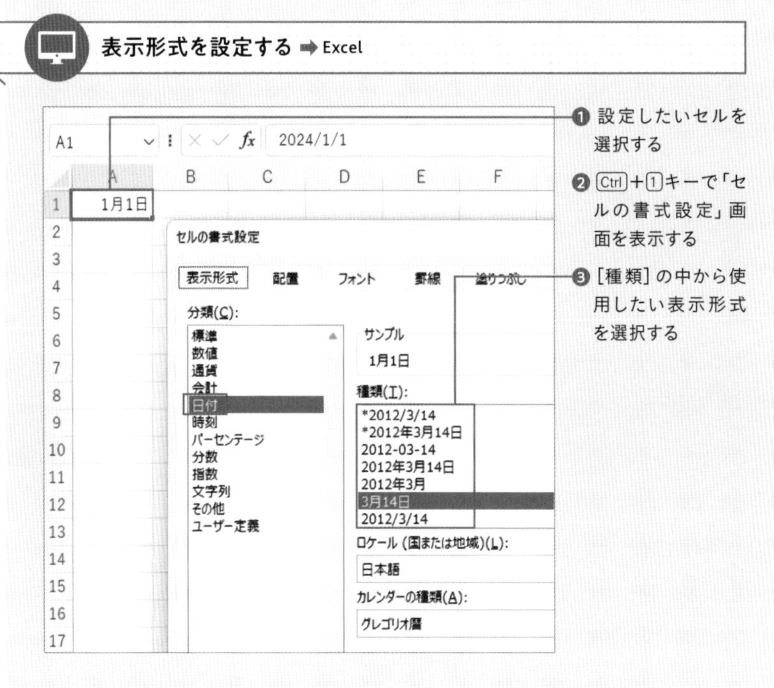

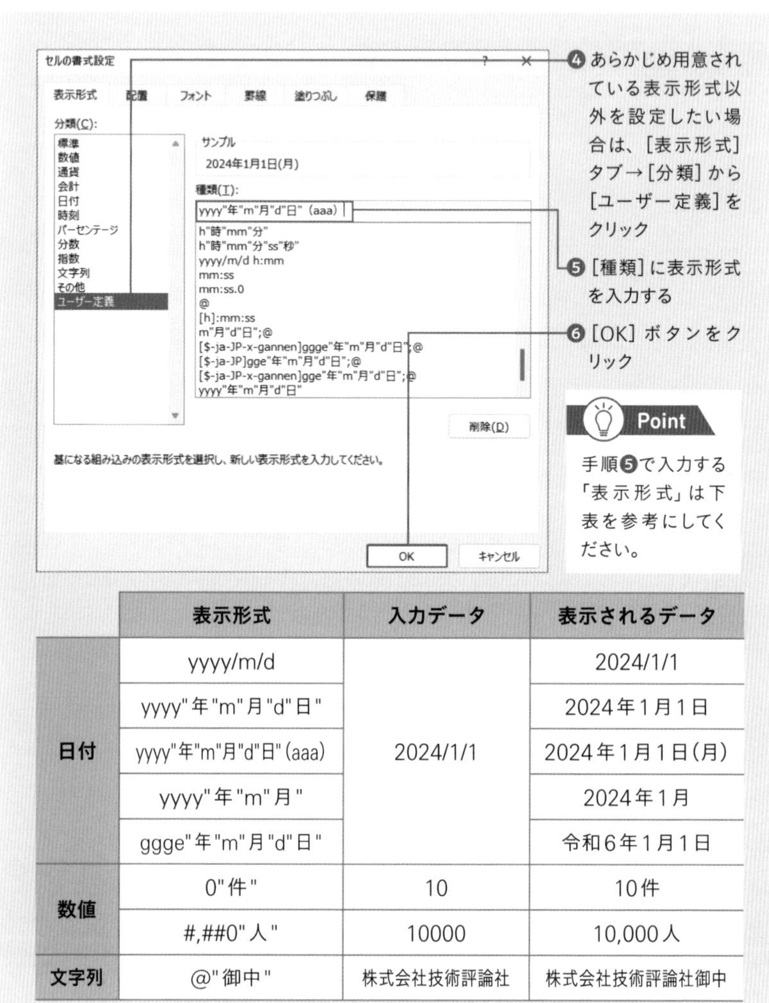


| | 表示形式 | 入力データ | 表示されるデータ |
|---|---|---|---|
| 日付 | yyyy/m/d | 2024/1/1 | 2024/1/1 |
| | yyyy"年"m"月"d"日" | | 2024年1月1日 |
| | yyyy"年"m"月"d"日"(aaa) | | 2024年1月1日(月) |
| | yyyy"年"m"月" | | 2024年1月 |
| | ggge"年"m"月"d"日" | | 令和6年1月1日 |
| 数値 | 0"件" | 10 | 10件 |
| | #,##0"人" | 10000 | 10,000人 |
| 文字列 | @"御中" | 株式会社技術評論社 | 株式会社技術評論社御中 |

## 「マウスポインタ」に注目して、すばやく正確に操作する

#基礎知識　#正確性　#スピード　#共有性

Excelを操作していると、多種多様に**マウスポインタ**が変化します。

マウスポインタの形によって、できる操作が異なるので、確認しておきましょう。目的の操作が正確にできるようになり、スピードもアップします。

| マウスポインタの形状 | 表示方法 | できる操作 |
|---|---|---|
| 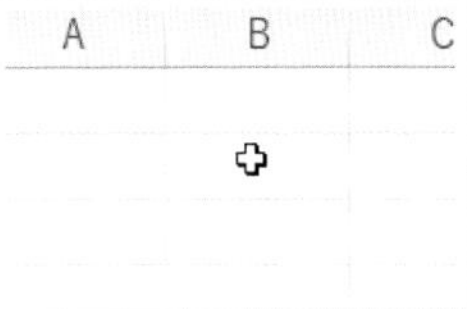 | セル中央に合わせる | クリックでセルを選択。ドラッグで連続している複数セルを選択する |
| 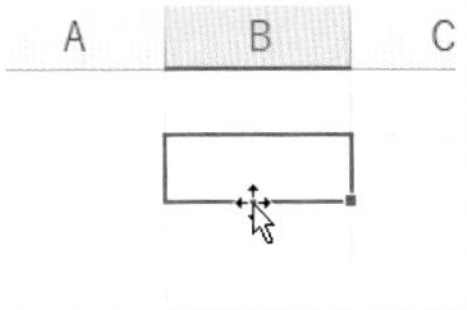 | 選択セルの枠線に合わせる | ドラッグで**データの移動**になる。Ctrlキーを押しながらドラッグすると、**データのコピー**になる |
| 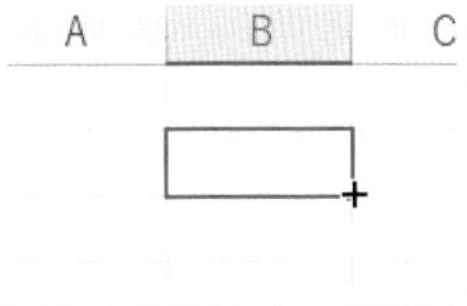 | 選択セルの右下の■(フィルハンドル)に合わせる | 右／下にドラッグすることで**連続データの自動入力**になる。数式のコピー(P.139参照)にも使用する |
| 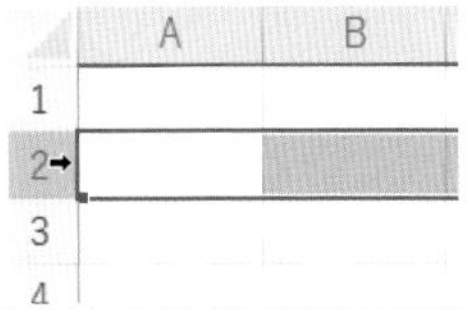 | 行ナンバー(1、2、3……)に合わせる | 1行を選択する。行ナンバーをドラッグすると、連続する複数行を選択する |
| 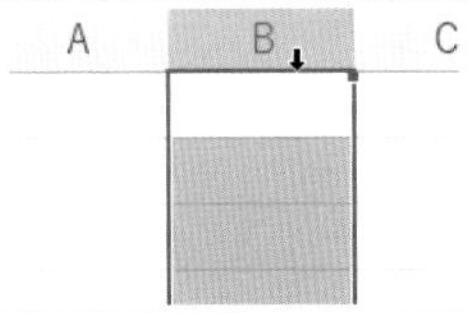 | 列ナンバー(A、B、C……)に合わせる | 1列を選択する。列ナンバーをドラッグすると、連続する複数列を選択する |
| 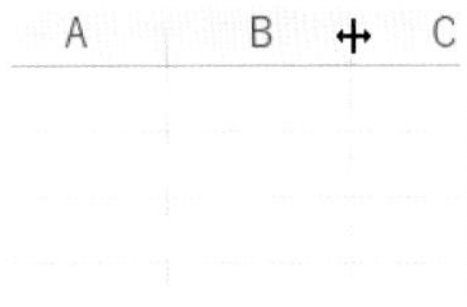 | 列ナンバーの境界線に合わせる | 左右にドラッグで列幅を変更できる。ダブルクリックで列内の一番多い文字数に合わせて、**列幅が自動調整**される |

なお、セル・列・行を複数選択したいときは、Ctrlキーといっしょにクリックすることで、離れた箇所を選択できます。

## 表計算ソフト特有の「計算」のコツ3つ

#基礎知識　#正確性　#スピード　#共有性

Excelは表計算ソフトですから、**「表」ありきで計算**をします。効率よく計算するために必要な知識を身につけましょう。

### ● 計算式は「参照」がキホン

「消費税率が変わった」「入力したデータにミスがあった」など、表のデータを書き換えるたびに、計算式を作り直すのはたいへんです。そのため、Excelでは**計算式に数値を直接入力しません**。計算式に使用する数値やデータは、あらかじめ表に入力しておきます。計算式は、その入力した**セルを参照**して作成します。こうしておけば、あとから参照元のデータを修正しても、計算結果は自動で更新されます。

数式を入力するときには、答えを表示したいセルを選択し、最初に「=」を入力してから、計算に使用するセルをクリック（またはセル番地「C4」を手入力）します。

**セルを参照した数式**

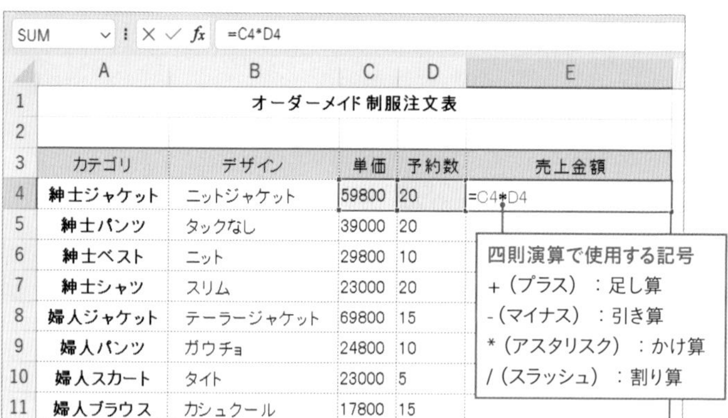

SUM　=C4*D4

| | A | B | C | D | E |
|---|---|---|---|---|---|
| 1 | オーダーメイド制服注文表 | | | | |
| 2 | | | | | |
| 3 | カテゴリ | デザイン | 単価 | 予約数 | 売上金額 |
| 4 | 紳士ジャケット | ニットジャケット | 59800 | 20 | =C4*D4 |
| 5 | 紳士パンツ | タックなし | 39000 | 20 | |
| 6 | 紳士ベスト | ニット | 29800 | 10 | |
| 7 | 紳士シャツ | スリム | 23000 | 20 | |
| 8 | 婦人ジャケット | テーラージャケット | 69800 | 15 | |
| 9 | 婦人パンツ | ガウチョ | 24800 | 10 | |
| 10 | 婦人スカート | タイト | 23000 | 5 | |
| 11 | 婦人ブラウス | カシュクール | 17800 | 15 | |

四則演算で使用する記号
+（プラス）：足し算
-（マイナス）：引き算
*（アスタリスク）：かけ算
/（スラッシュ）：割り算

## ● 数式のコピーで計算式が自動挿入される

表の中に数式を組む場合、すべてのセルに計算式を入力する必要はありません。最初の１つのセルにのみ計算式を入力すれば、あとは**数式をコピー**することで、すべての計算式が自動で挿入されます。

下図で数式をくわしくみると、数式のコピーで参照するセルはコピーした方向（下・右）へ１つずつズレます。これを**相対参照**といいます。

**相対参照のしくみ**

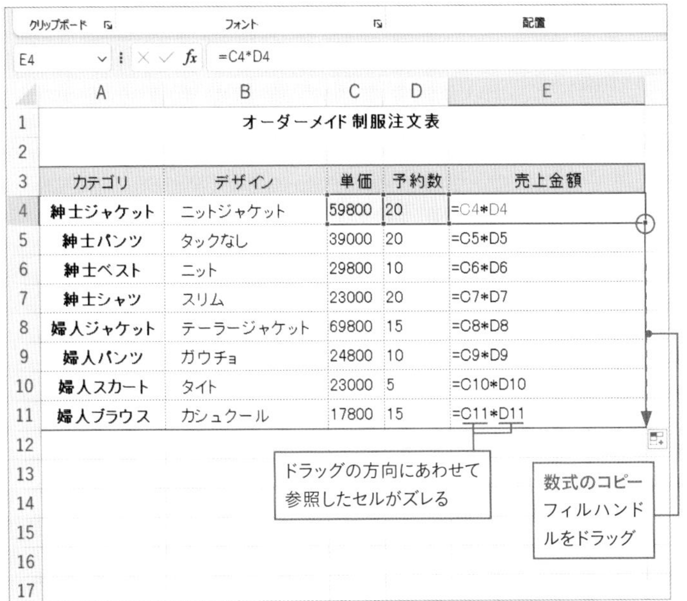
クリップボード
フォント
配置
E4
=C4*D4
ドラッグの方向にあわせて参照したセルがズレる
数式のコピーフィルハンドルをドラッグ

| | A | B | C | D | E |
|---|---|---|---|---|---|
| 1 | オーダーメイド制服注文表 | | | | |
| 2 | | | | | |
| 3 | カテゴリ | デザイン | 単価 | 予約数 | 売上金額 |
| 4 | 紳士ジャケット | ニットジャケット | 59800 | 20 | =C4*D4 |
| 5 | 紳士パンツ | タックなし | 39000 | 20 | =C5*D5 |
| 6 | 紳士ベスト | ニット | 29800 | 10 | =C6*D6 |
| 7 | 紳士シャツ | スリム | 23000 | 20 | =C7*D7 |
| 8 | 婦人ジャケット | テーラージャケット | 69800 | 15 | =C8*D8 |
| 9 | 婦人パンツ | ガウチョ | 24800 | 10 | =C9*D9 |
| 10 | 婦人スカート | タイト | 23000 | 5 | =C10*D10 |
| 11 | 婦人ブラウス | カシュクール | 17800 | 15 | =C11*D11 |

## ● ズレるとまずい参照もある

消費税を求めたいとき、「税率のセル」（次ページ図のF2セル）は１つのセルに入力して、ズレないようにしなければなりません。そんなときは、F4キー（＄マーク）で固定します。これを**絶対参照**といいます。

## 絶対参照のしくみ

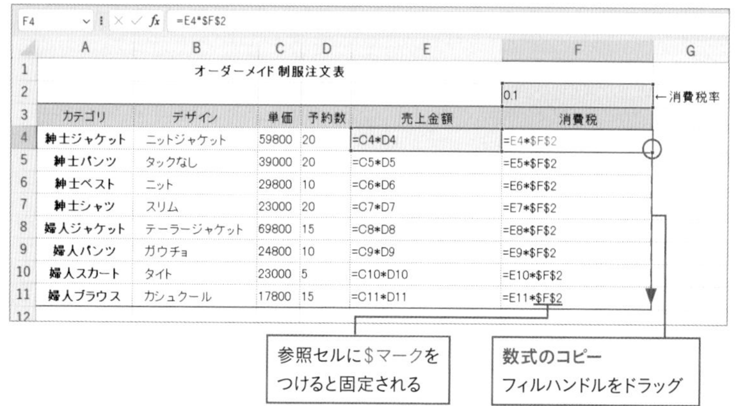


F4キーを押す回数で、固定する列や行を指定できます。

| F4キーを押す回数 | 表示 | 意味 |
|---|---|---|
| 1回 | $F$2 | 列行ともに固定 |
| 2回 | F$2 | 行のみ固定 |
| 3回 | $F2 | 列のみ固定 |
| 4回 | F2 | 解除 |

このように、数式をコピーするときは、ズラしたいセルと、固定したいセルを、ちゃんと区別しましょう。

## 関数を使いこなしてラクラク計算しよう!

#基礎知識　#正確性　#スピード　#共有性

前項では、Excelの計算式の考えかたや入力のしかたを解説しました。それをふまえて、次のような場合はどうすればいいでしょうか。

**「E 列の『売上金額』（E4 セル～ E11 セル）をすべて合計したい！」**

このとき、前項の方法では「＝ E4 ＋ E5 ＋ E6……」と、ちまちま計算式を手入力するしかありません。それでは、時間がかかりすぎてしまいますね。

そこで、Excel が持つ**関数**を駆使しましょう。関数とは、上記のような計算式を作成しなくても、自動でさまざまな計算をしてくれる機能です。たとえば、「合計」であれば、**SUM 関数**を使って以下のように入力します。

**関数の記述ルール**

=SUM( E4:E11 )
引数の前後は()で囲む
関数名
引数
:は「～(から)」という意味
※ここではE4～E11セルを指す

「E4:E11」のような、その計算に必要な情報（**引数**）は、作成者である私たちが指定しますが、これならすぐ入力できますね。

便利な関数ですが、なんと Excel には **400 以上の関数**が用意されています。すべての関数を把握するのは難しそうです。ここでは、目的の関数を知らなくても、入力できる方法をおさえましょう。

### ●［オート SUM］ボタンから入力する

さきほど「引数は作成者が指定する」と述べましたが、［オート SUM］ボタン中にある基本集計の関数は、**引数を自動で挿入**してくれます。引数を自動認識するオートの関数は以下の 5 種類です。

| | 関数 | できること |
|---|---|---|
| 合計 | SUM 関数 | 合計を求める |
| 平均 | AVERAGE 関数 | 平均を求める |
| 数値の個数 | COUNT 関数 | 数値が入力されているセルを数える |
| 最大値 | MAX 関数 | 最大値を求める |
| 最小値 | MIN 関数 | 最小値を求める |

どれもよく使いそうな関数ですよね。これらの関数は、選択したセルより**上もしくは左にある連続データ**を自動認識して計算します。表の作りによっては、引数の範囲に誤りがある場合もありますので、必ず自分で関数の引数を確認してから確定しましょう。

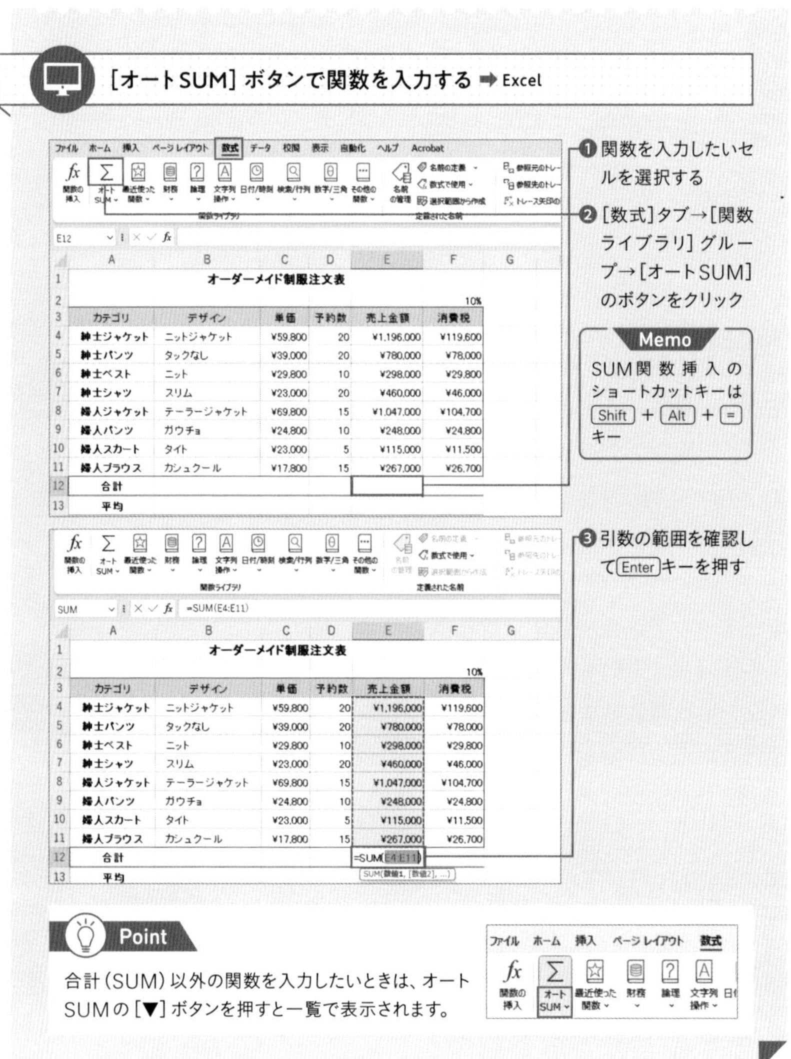

[オートSUM] ボタンで関数を入力する ➡ Excel
❶関数を入力したいセルを選択する
❷[数式]タブ→[関数ライブラリ]グループ→[オートSUM]のボタンをクリック
Memo
SUM関数挿入のショートカットキーは Shift + Alt + = キー
❸引数の範囲を確認して Enter キーを押す
=SUM(E4:E11)
Point
合計(SUM)以外の関数を入力したいときは、オートSUMの[▼]ボタンを押すと一覧で表示されます。


オーダーメイド制服注文表

| | カテゴリ | デザイン | 単価 | 予約数 | 売上金額 | 消費税 |
|---|---|---|---|---|---|---|
| 2 | | | | | | 10% |
| 4 | 紳士ジャケット | ニットジャケット | ¥59,800 | 20 | ¥1,196,000 | ¥119,600 |
| 5 | 紳士パンツ | タックなし | ¥39,000 | 20 | ¥780,000 | ¥78,000 |
| 6 | 紳士ベスト | ニット | ¥29,800 | 10 | ¥298,000 | ¥29,800 |
| 7 | 紳士シャツ | スリム | ¥23,000 | 20 | ¥460,000 | ¥46,000 |
| 8 | 婦人ジャケット | テーラージャケット | ¥69,800 | 15 | ¥1,047,000 | ¥104,700 |
| 9 | 婦人パンツ | ガウチョ | ¥24,800 | 10 | ¥248,000 | ¥24,800 |
| 10 | 婦人スカート | タイト | ¥23,000 | 5 | ¥115,000 | ¥11,500 |
| 11 | 婦人ブラウス | カシュクール | ¥17,800 | 15 | ¥267,000 | ¥26,700 |
| 12 | 合計 | | | | | |
| 13 | 平均 | | | | | |

## ●［関数の挿入］画面から入力する

「やりたいことのために、どの関数を使えばいいのかわからない」ときがありますよね。その場合、目的の関数を挿入する方法の１つに、［数式］タブ→［関数ライブラリ］グループの**分類から選択**する方法があります。

**目的にあわせた関数を見つけられる**

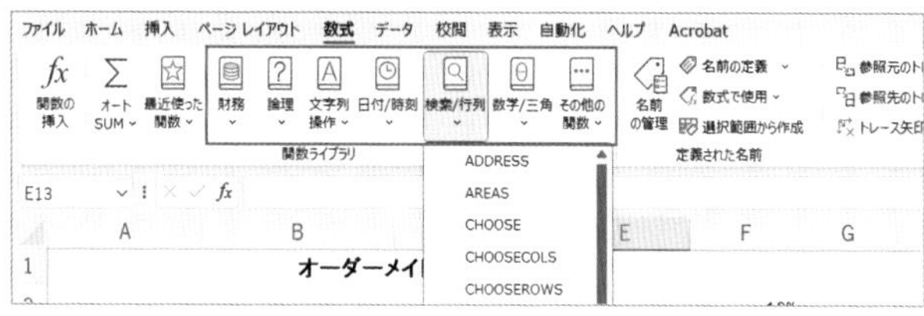


ただし、使用したい関数がどの分類にあるのかわからなければ、この方法は難しそうですね。その場合は**「関数の挿入」画面**から、目的を文章で入力して探す方法もあります。

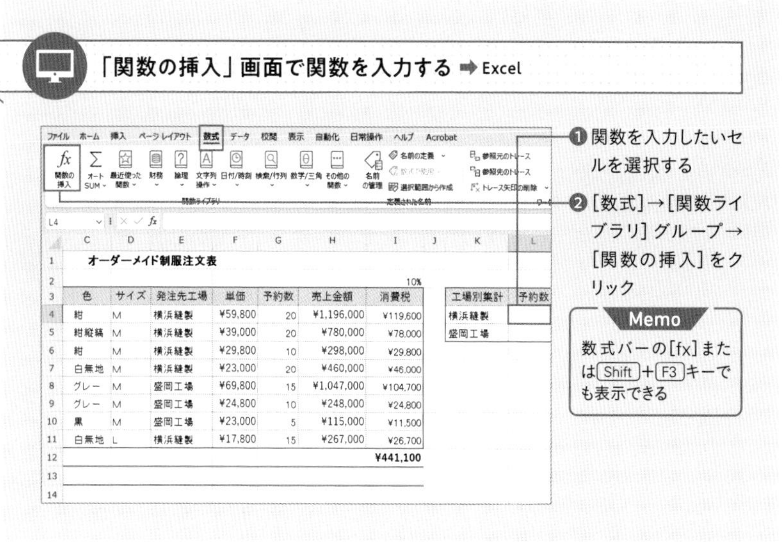

「関数の挿入」画面で関数を入力する ➡ Excel
オーダーメイド制服注文表
❶関数を入力したいセルを選択する
❷［数式］→［関数ライブラリ］グループ→［関数の挿入］をクリック
Memo
数式バーの［fx］または Shift ＋ F3 キーでも表示できる

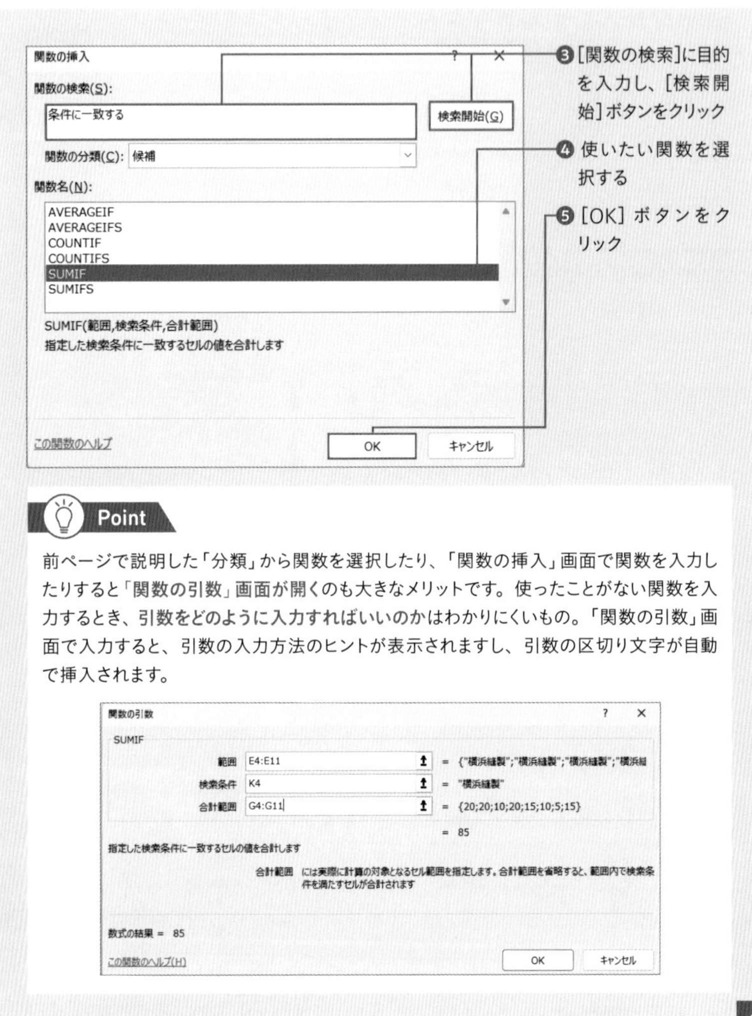


前ページで説明した「分類」から関数を選択したり、「関数の挿入」画面で関数を入力したりすると「関数の引数」画面が開くのも大きなメリットです。使ったことがない関数を入力するとき、引数をどのように入力すればいいのかはわかりにくいもの。「関数の引数」画面で入力すると、引数の入力方法のヒントが表示されますし、引数の区切り文字が自動で挿入されます。

## セルに文字をキレイに配置するキホン

#基礎知識　#正確性　#スピード　#共有性

**「表の文字配置なんて気にしたことがない……」**

そんな方も多いと思います。ですが、せっかく作成した資料も文字配置がバラバラで見にくいのであれば評価されません。

かといって、「スペースで文字幅を無理矢理合わせる」「セルに合わせて文字サイズを小さくする」では、後からの修正がうまくいきません。Excelに備わっている文字制御の方法を使って、理解しやすく修正しやすい資料を、すばやく作成するように心がけましょう。

可読性に優れた表の文字配置は、P.166以降でもご説明しますが、ここでは**基本的な文字制御方法**をご紹介します。

### ● 文字幅を調整する

下図の「コース名」列（A3～A6セル）のように、異なる文字数の幅はそろえて、表をすっきりと見やすくしましょう。**均等割り付け**機能を使用すれば、後からデータの修正で文字数が変わっても、文字幅が狂うことはありません。

**均等割り付け+インデントで文字をそろえる**

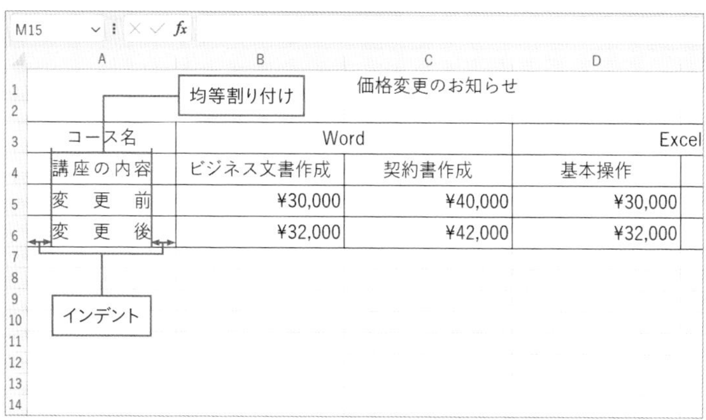


均等割り付けだけではセル幅いっぱいに文字幅が広がり、罫線と近くなりすぎるので、**インデント（字下げ）**もあわせて設定しましょう。

## 文字幅を調整する ➡Excel

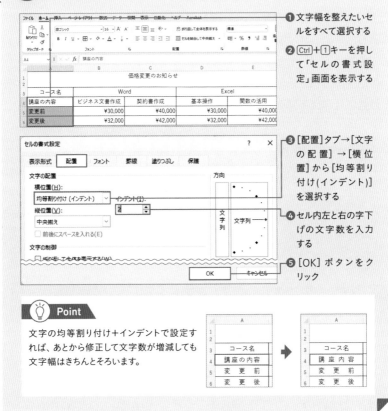

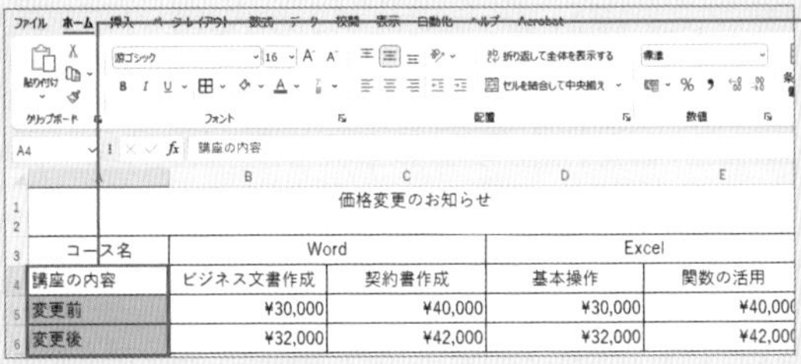

❶文字幅を整えたいセルをすべて選択する

❷Ctrl+1キーを押して「セルの書式設定」画面を表示する

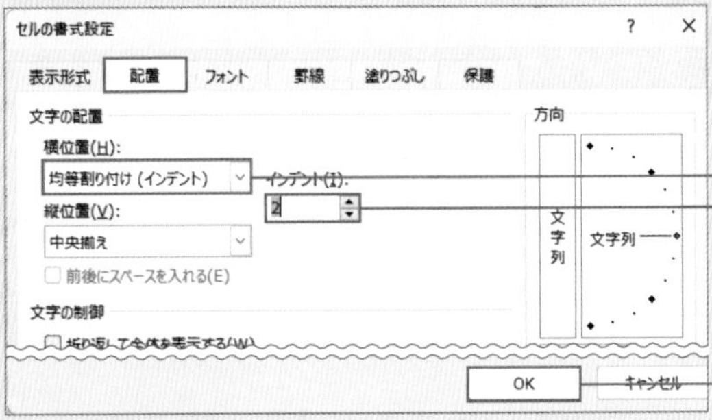

❸[配置]タブ→[文字の配置]→[横位置]から[均等割り付け(インデント)]を選択する

❹セル内左と右の字下げの文字数を入力する

❺[OK]ボタンをクリック

### Point

文字の均等割り付け+インデントで設定すれば、あとから修正して文字数が増減しても文字幅はきちんとそろいます。

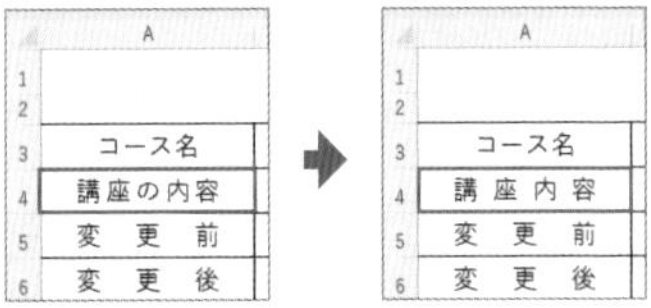

### ● セル内に文字をおさめる

「文字をセルの中におさめたい」ときはいくつかの方法があります。

列幅を変更してもよければ、**列番号の境界線をダブルクリック**しましょう。列幅が文字数にあわせて自動で調整されます（P.137参照）。

一方、「セルの列幅は変えたくない！」場合には、**文字を縮小**します。次ページのように操作すれば、文字が自動縮小されて、決められた列幅にデータを表示できます。

**セル幅にあわせて自動縮小される**

| A | B | C | D | E | F |
|---|---|---|---|---|---|
| 日付 | 店名 | 販売形態 | 部門 | 商品名 | 個数 |
| 2023/1/7 | 中央店 | 自販機 | 清涼飲料 | アクアドリンク | 72 |
| 2023/1/7 | 渋谷店 | 自販機 | 清涼飲料 | サンシャイン | 48 |
| 2023/1/7 | 本店 | 自販機 | 清涼飲料 | アクアドリンク　アルファ | 120 |
| 2023/1/7 | 西通り店 | 自販機 | 清涼飲料 | レモンCC | 48 |
| 2023/1/7 | 渋谷店 | 店内販売用 | コーヒー | ブラック激 | 96 |
| 2023/1/14 | 本店 | 自販機 | 清涼飲料 | サンシャイン | 96 |
| 2023/1/14 | 渋谷店 | 自販機 | 清涼飲料 | アクアドリンク | 24 |

## セル内の文字を自動縮小する ➡ Excel

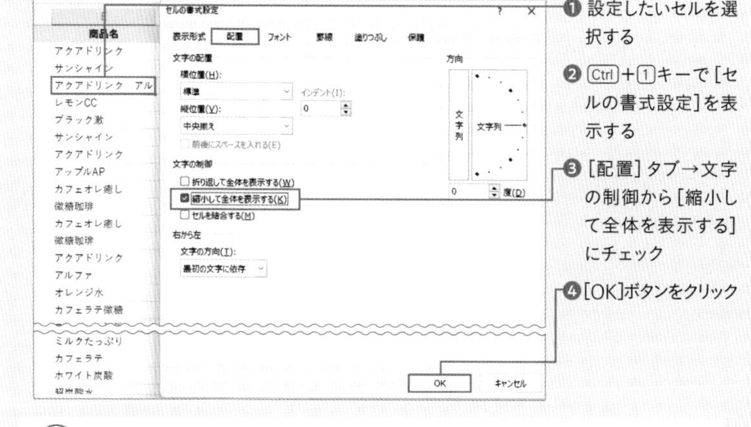

❶設定したいセルを選択する
❷Ctrl+1キーで[セルの書式設定]を表示する
❸[配置]タブ→文字の制御から[縮小して全体を表示する]にチェック
❹[OK]ボタンをクリック


**Point**

この操作で、セルのフォントサイズを小さいサイズに指定しているわけではありません。列幅が広くなれば、自動で設定された文字サイズに戻ります。

### ● 文字を次行に送る

上記の方法で、1行におさまりましたね。ですが、文字が小さく表示されると可読性は悪くなります。それを避けたい場合は、**自動折り返し**がおすすめです。列幅におさまらない文字数は、セル内の次行に自動で折り返されます。

## セル内の文字を複数行に表示する ➡ Excel

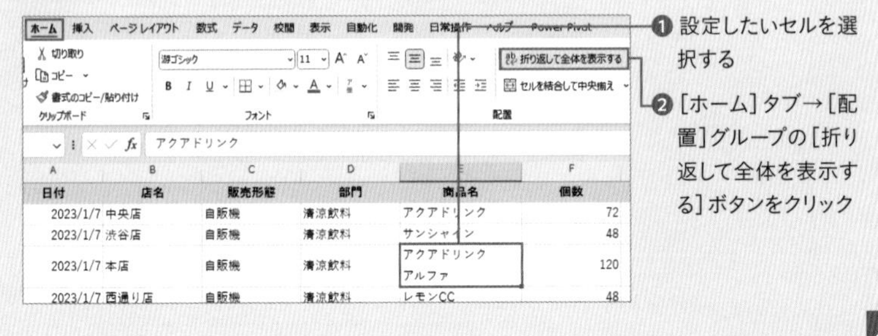
❶設定したいセルを選択する
❷［ホーム］タブ→［配置］グループの［折り返して全体を表示する］ボタンをクリック
折り返して全体を表示する
アクアドリンク
アクアドリンク
アルファ

自動折り返しは便利ですが、**「もっと区切りのいいところで改行したい」**と思うこともあるでしょう。そのときは、改行したい文字冒頭にカーソルを置いて**Alt＋Enterキー**を押します。すると、セルの中で改行ができます。

**セルの中で改行される**

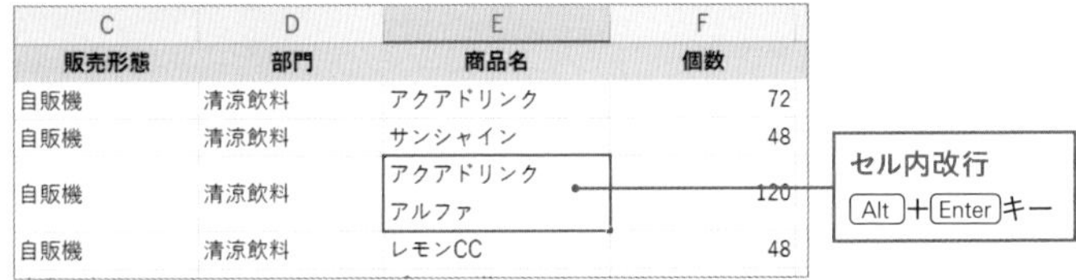
セル内改行
Alt＋Enterキー

| C | D | E | F |
|---|---|---|---|
| 販売形態 | 部門 | 商品名 | 個数 |
| 自販機 | 清涼飲料 | アクアドリンク | 72 |
| 自販機 | 清涼飲料 | サンシャイン | 48 |
| 自販機 | 清涼飲料 | アクアドリンク<br>アルファ | 120 |
| 自販機 | 清涼飲料 | レモンCC | 48 |

## 表をおさまりよく印刷するには

#基礎知識　#共通機能　#正確性　#スピード　#共有性

Word でビジネス文書を作成する場合は、最初から A4 の用紙にレイアウトすることを前提に編集していくため、はじめから印刷イメージをつかめます。

しかし、Excel の場合は、**印刷を前提にしない**資料が多いです。資料作成後に、あとから「印刷して」と頼まれて設定をしたけれど、思いどおりに印刷できない……そんなこともあるでしょう。

そこで、**表を１ページに収めてきれいに印刷する方法**を覚えておきましょう。［ファイル］タブ→［印刷］→［拡大縮小なし］をクリックすると、ページに合わせて表が拡大／縮小して印刷されます。

**ページ内にきれいにおさめる印刷設定**

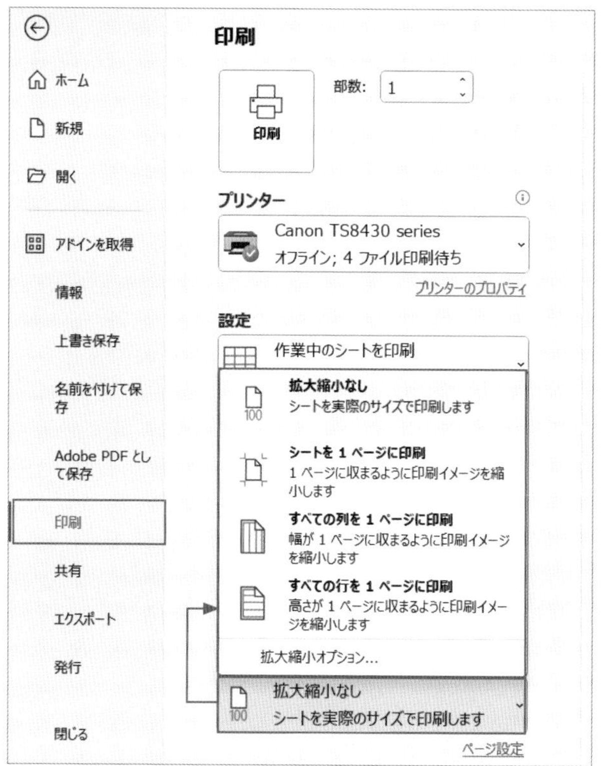


そのほか、表は用紙の左右中央に配置されると、きれいにレイアウトされて見えます。次のように操作しましょう。

### 用紙の左右中央に表を印刷する ➡Excel

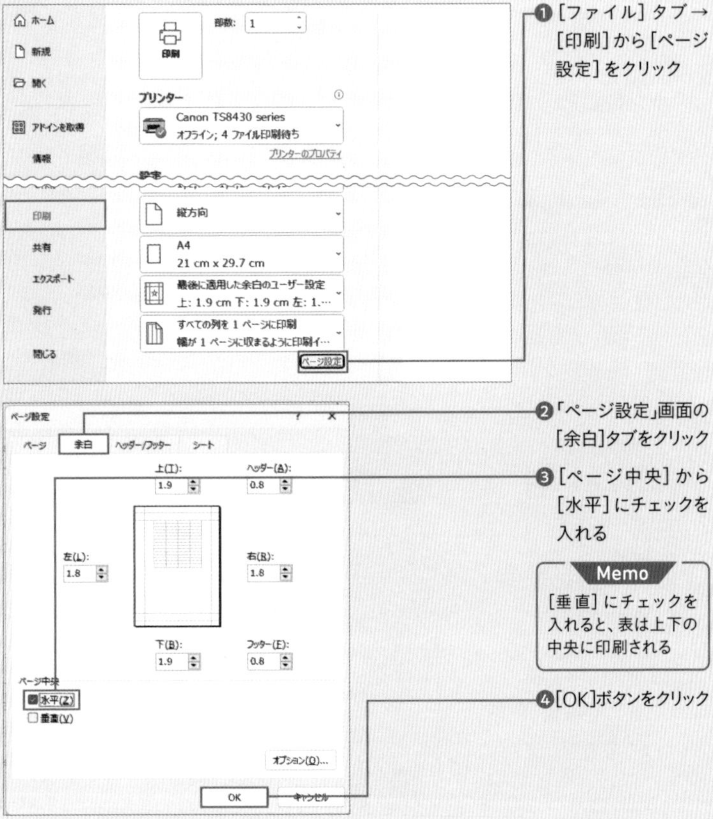

❶［ファイル］タブ→［印刷］から［ページ設定］をクリック

❷「ページ設定」画面の［余白］タブをクリック

❸［ページ中央］から［水平］にチェックを入れる

**Memo**
［垂直］にチェックを入れると、表は上下の中央に印刷される

❹［OK］ボタンをクリック

## 読みやすい配布資料を作る3つの表示機能

#基礎知識　#正確性　#スピード　#共有性

前項ではきれいに印刷する方法を解説しました。ここでは、印刷資料をさらに**読みやすくする工夫**をご紹介します。

新人のときには資料の印刷を頼まれることもあるでしょう。ぜひ以下の3つを意識してみてください。

## 表を読みやすくする工夫

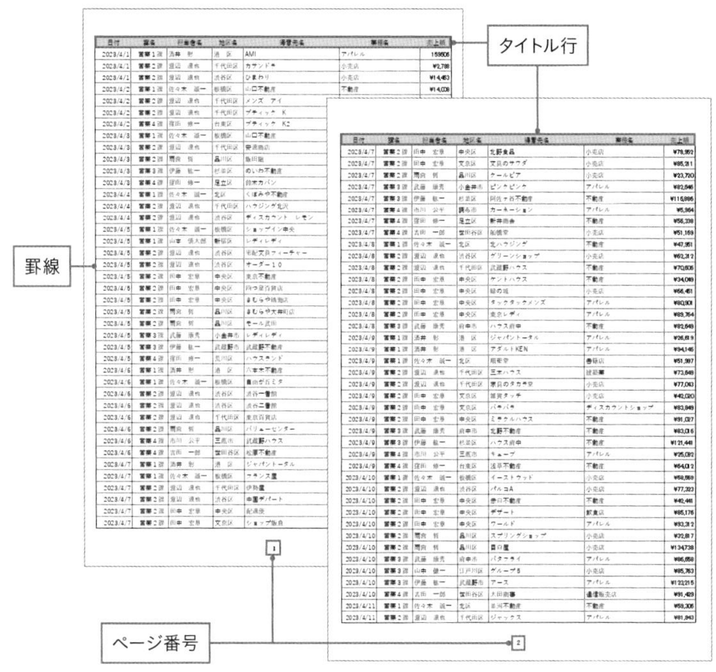


### ● タイトル行

通常、表の1行目には「各列はどんな内容のデータなのか」を説明する**タイトル行**をつけることが多いです。しかし、行数が多く縦に長い表を印刷すると、表がページをまたいでしまい、タイトル行が印刷されません。そうなると、データの内容がわかりにくくなってしまいます。

そんなときは**「すべてのページに1行目を自動で印刷する」設定**にしておくと便利です。行数が増えても減っても必ずページの1行目に項目が自動印刷されます。

### タイトル行をすべてのページで印刷する ➡Excel

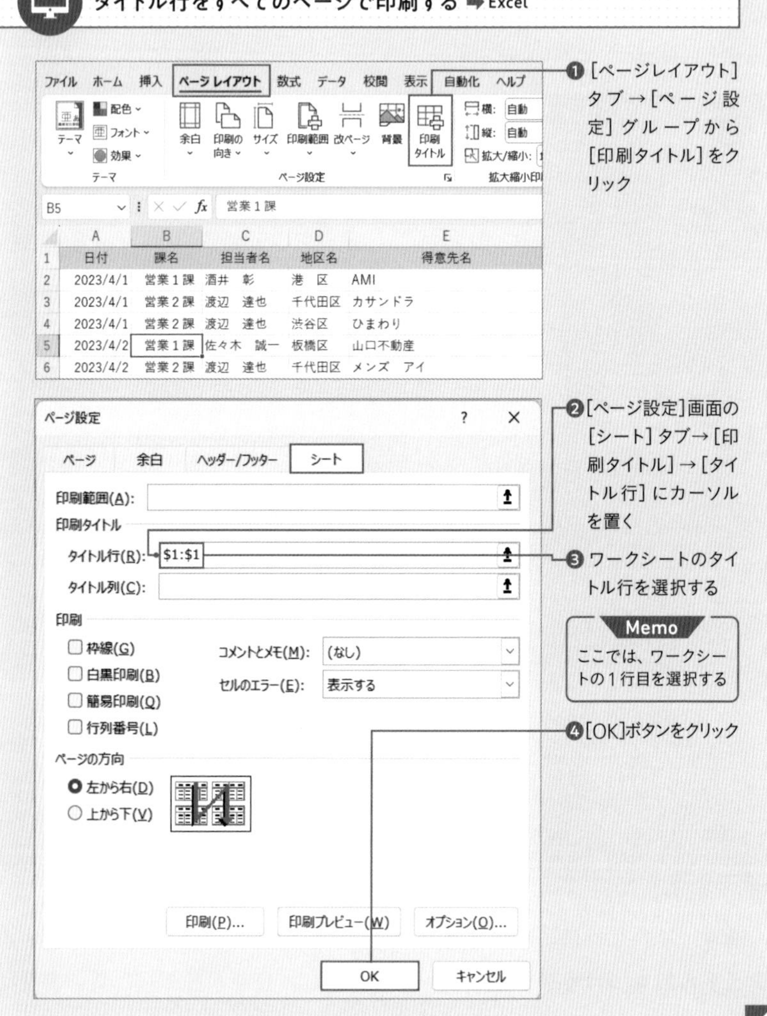

❶ [ページレイアウト] タブ→[ページ設定] グループから [印刷タイトル] をクリック
❷ [ページ設定] 画面の [シート] タブ→ [印刷タイトル] → [タイトル行] にカーソルを置く
❸ ワークシートのタイトル行を選択する
Memo
ここでは、ワークシートの1行目を選択する
❹ [OK]ボタンをクリック

## ● 罫線

Excel は背景にうっすら罫線が引かれているので、ふだんはあまり意識しないでしょう。しかし、リスト表を印刷するなら**罫線**を引くと表がグッ

とわかりやすくなります。

罫線は［ホーム］タブ→［段落］グループの［罫線］ボタンから引くこともできますが、その方法では、データが増減するたびに罫線を引き直すことになり、めんどうですね。

**「印刷のときだけ、データのある箇所に罫線を引きたい！」**のであれば、作業中の表に罫線を引かず、以下のように**自動印刷の設定**をしましょう。罫線の乱れもなく、すばやくきれいに印刷できます。

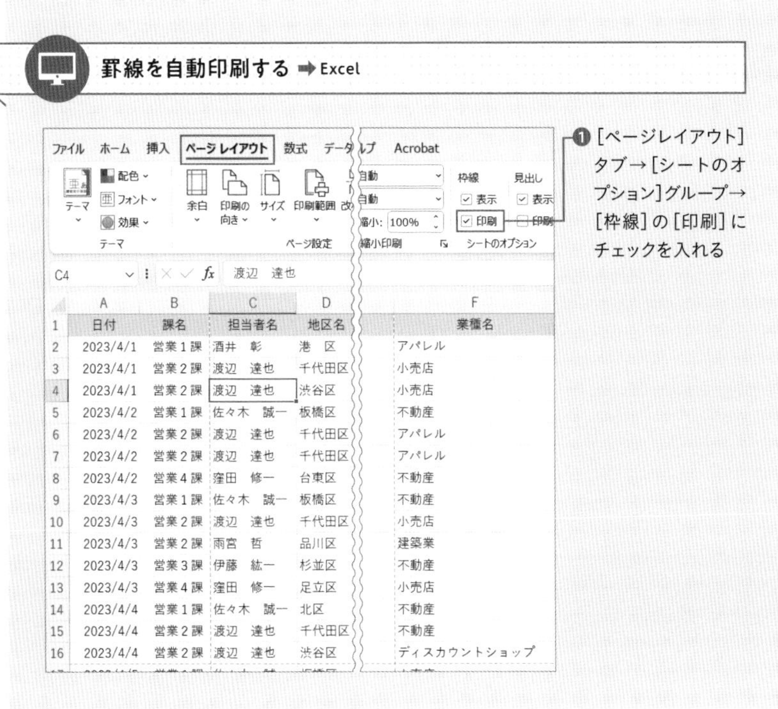

罫線を自動印刷する ➡ Excel
❶［ページレイアウト］タブ→［シートのオプション］グループ→［枠線］の［印刷］にチェックを入れる


## ● ページ番号

資料が複数枚になるなら、ぜひ**ページ番号**を挿入したいところです。読む順番をわかりやすくなりますし、配布資料を綴じるときにも便利です。次のように操作しましょう。

## ページ番号を自動挿入する ➡Excel

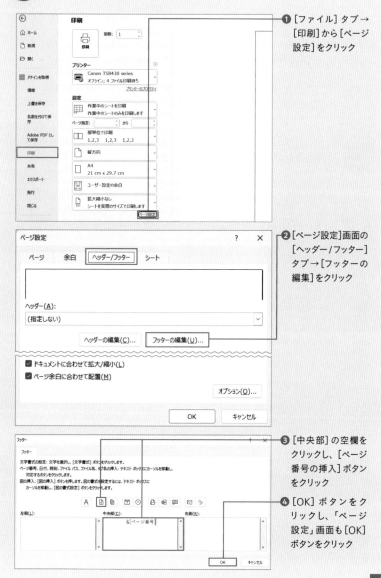

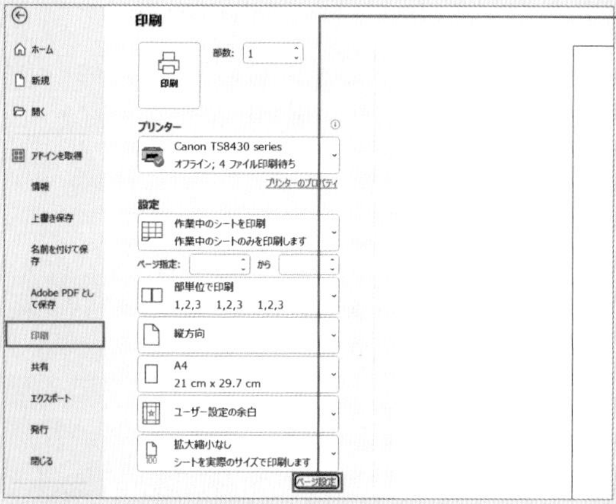

❶［ファイル］タブ→［印刷］から［ページ設定］をクリック

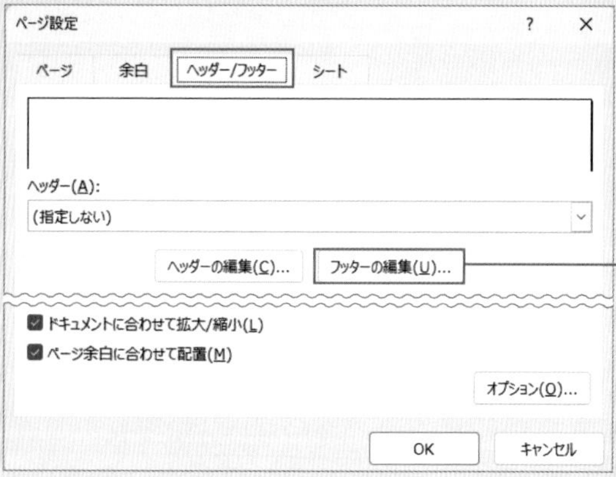

❷［ページ設定］画面の［ヘッダー/フッター］タブ→［フッターの編集］をクリック

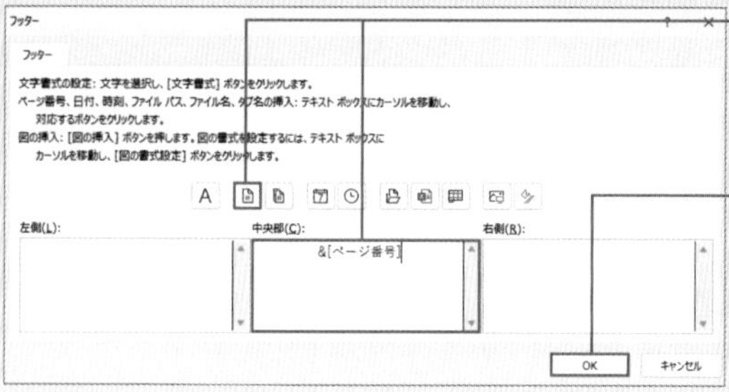

❸［中央部］の空欄をクリックし、［ページ番号の挿入］ボタンをクリック

❹［OK］ボタンをクリックし、「ページ設定」画面も［OK］ボタンをクリック

COLUMN

## データ確定では必ずEnterキーを押そう!

Excelを操作するにあたり、必ず身につけてほしい「癖」があります。それは、

データを入力したら、必ずカーソルがなくなるまでEnterキーを押す

ということ。入力したデータをEnterキーで確定させます。

「ほかのセルをクリックすればいいのでは?」と思いがちですが、数式を作成したあと確定するときに、ついついほかのセルをクリックしてしまい「せっかく作成した数式が狂ってしまった……」なんてミスを犯す人が多いです。

**▼数式確定時に起こりやすいミス**

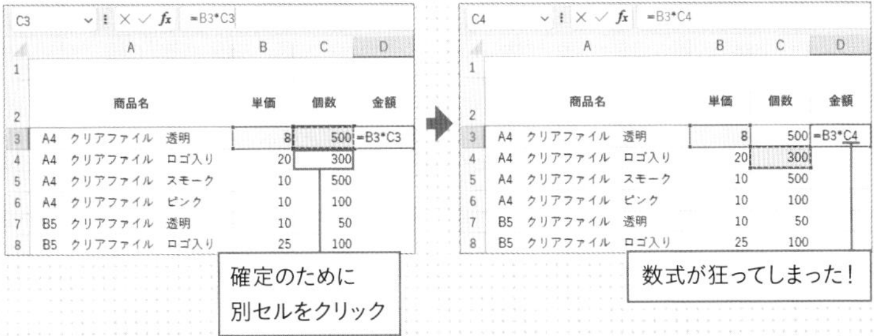


これは数式作成だけでなく、文字列の入力も同じ。入力変換を確定するEnterキーの後に、セルのデータを確定するためのEnterキーを忘れずに押しましょう。セルのデータだけでなくシート名の変更なども同様です。カーソルがなくなるまでEnterキーで確定することは必ず忘れないでください。

CHAPTER 03 資料を最小の労力で作る!「資料作成」のスキル

CHAPTER 03-03

# もっと効果的に使える！「PowerPoint」の機能

## PowerPointが直感的に操作しやすいワケ

#基礎知識　#使い分け

ここまでで、WordやExcelの考えかたと基礎知識を説明してきました。Wordは「段落」という概念があり、印刷レイアウトのイメージに沿って文書を編集するソフトです。また、Excelはデータを入力する「セル」が集まったワークシートを利用してデータを編集します。それでは、PowerPointはどんなソフトなのでしょうか？

PowerPointはA4横の**スライド**に編集するソフトです。スライドにはWordの「段落」、Excelの「セル」のような概念はありません。まっさらな白紙の状態に、テキストを入力する領域（**テキストプレースホルダ**）、図を挿入する領域（**コンテンツプレースホルダ**）などがあり、さまざまなオブジェクトを自由に配置できます。

### 「領域」を配置して資料を作成する

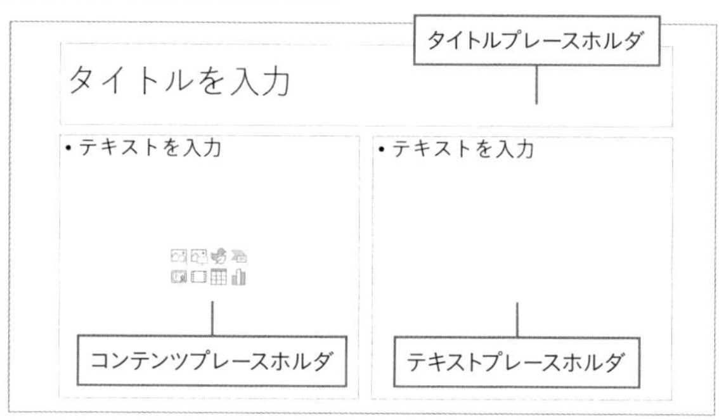

そのため、段落やセルに縛られることなく、直感的に文字や図を配置できます。ひと言でまとめると、**視覚効果に重点をおいたソフト**といえるでしょう。具体的には下記のような資料作成でPowerPointは活躍します。

- 発表用（プレゼンテーション用）スライド
- 企画書や会社案内のようなパンフレット作成
- 業務フローのような図形を利用して説明する資料

## スライドの作成はアウトラインから

#基礎知識　#使い分け　#正確性　#スピード　#共有性

**「プレゼンテーション用にスライドを作成しよう！」**このとき、なにから着手しますか？　ついつい「スライドに文字を入力する」と答えたくなりますが、本来は以下のような手順になるはずです。

①プレゼンテーションの目的・内容を考える
②大きな項目（スライドタイトル）を書き出す
③各スライドの中で何を伝えたいのか内容を肉付けする

こうすることで、プレゼンテーション全体のスライドの枚数や発表にかかる時間が計れ、スライドごとの情報量を調整できます。この手順に沿って効率よく文字入力するために、PowerPointを**アウトライン表示**にきりかえましょう。

アウトライン表示は、**全体の構成を考えながら制作**するのに便利な機能です。スライドをいちいち移動することなく、文字を入力できますし、階層の上げ下げ、スライドの分割／まとめができるなど、構成もかんたんに変更できます。

## アウトライン表示

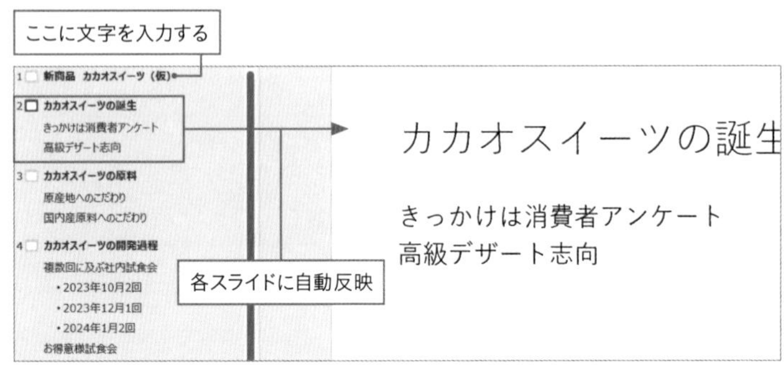


アウトライン表示での制作ポイントは、**1枚のスライドは3項目以内**に情報をまとめることです。プレゼンテーション用スライドは、すべての情報を細かくスライドに書きこみません。説明用の図やデータ、箇条書きの情報を掲載し、詳細は口頭で説明します。

情報を詰めこみすぎると、フォントが小さくなり投影時にお客様が文字を読みとれなかったり、スライドを読むことに集中してプレゼンターの話が頭に入ってこなかったりします。これらを避けるためにも、3項目以内におさめて、それ以上増える場合はスライドを分けることを検討してください。

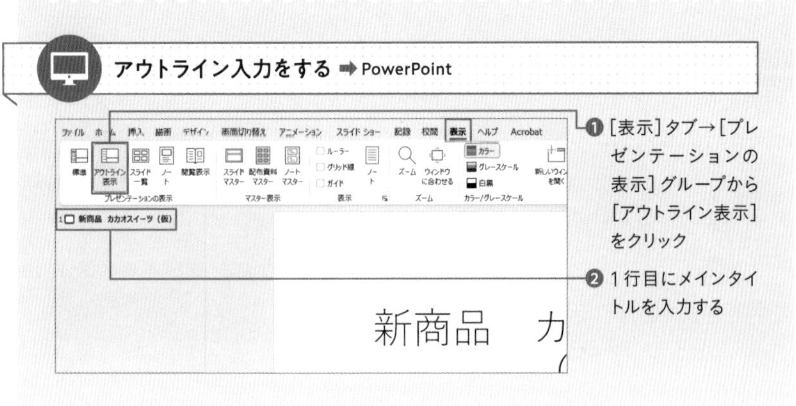

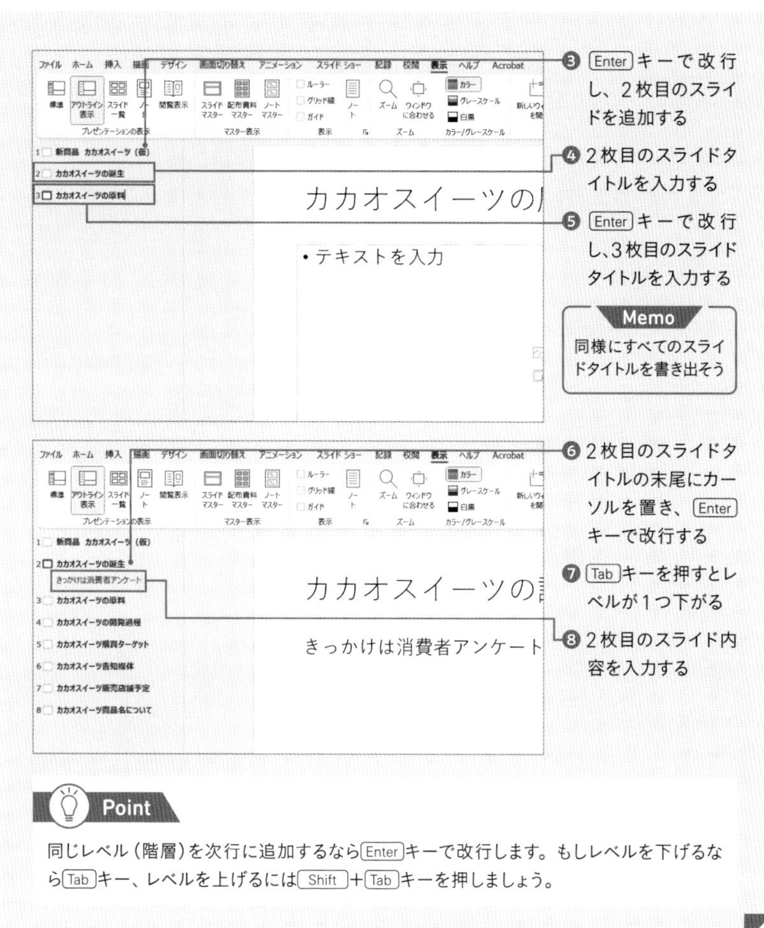


**Point**

同じレベル（階層）を次行に追加するならEnterキーで改行します。もしレベルを下げるならTabキー、レベルを上げるにはShift+Tabキーを押しましょう。

## 見映えがいいデザインとレイアウトを設定する

#基礎知識　#正確性　#スピード　#共有性

構成がひととおり確定して、アウトラインでの入力が終了したら、表示を**標準**に切り替えます。各スライドにテキストが入力されていますが、まっさらで味気のない資料ですね。ここに、**視覚的な効果**を加えていきましょう。

## ● デザインや配色

プレゼンテーション全体の**デザインや配色**を決めます。図やイラストを挿入する前に「どんなデザインや配色にするか」を決めることで、プレゼンテーション全体の**色の統一**が図れます。特に配色は、図やグラフ・フォントなどの色味に反映するので、ぜひ早めに決めておきましょう。

**図形のテーマスタイルは配色に反映される**

[デザイン]タブにはさまざまなデザインのテンプレートがあります。また、[バリエーション] ボタンからイメージに合う配色を選択できます。

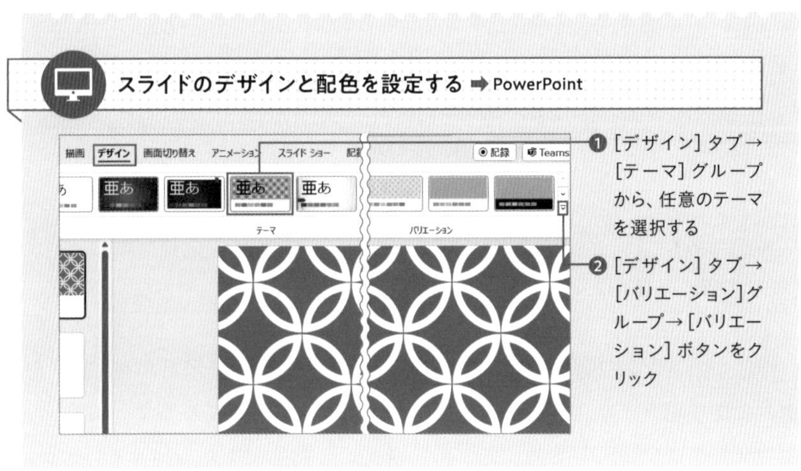

スライドのデザインと配色を設定する ➡ PowerPoint
テーマ
バリエーション
❶ [デザイン] タブ→[テーマ] グループから、任意のテーマを選択する
❷ [デザイン] タブ→[バリエーション]グループ→[バリエーション] ボタンをクリック

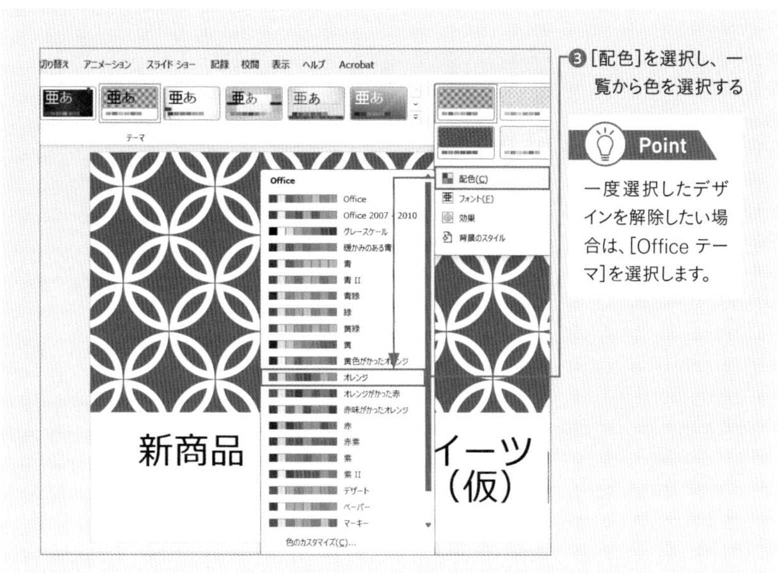


### ● レイアウトの種類

アウトラインで作成したプレゼンテーションは、1枚目は「タイトルスライド」、2枚目以降は「タイトルとコンテンツ」のレイアウトになります。

1つのプレースホルダでは情報が密集してしまう、右側が空いてしまうのであれば、**左右に分割するレイアウト**にしましょう。[レイアウト] からかんたんに変更できます。

#### より整理されたレイアウトに変更

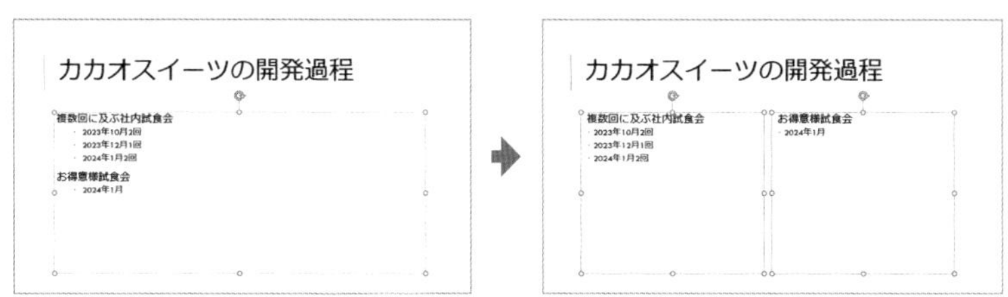

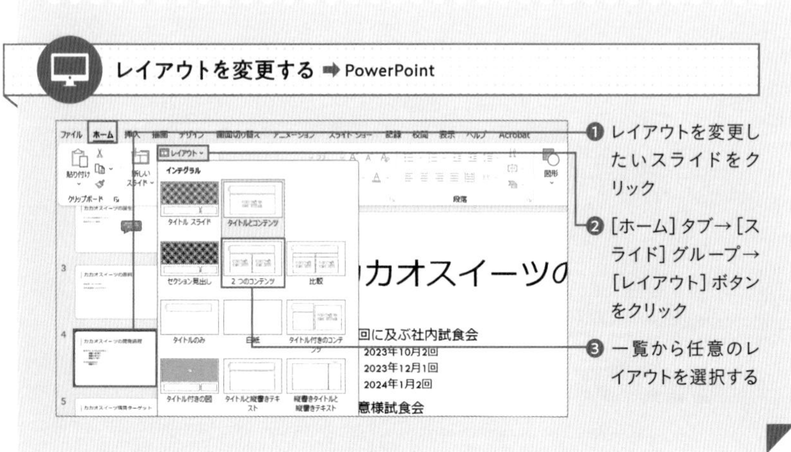


## スライドの「読みやすい」テキスト配置とは

#基礎知識　#正確性　#スピード　#共有性

PowerPointは入力したテキストが自動的に**箇条書き**で処理されます。この箇条書きは、下図のように段落の間を広げると、より情報が読みとりやすくなりそうです。

**より整理されたレイアウトに変更**

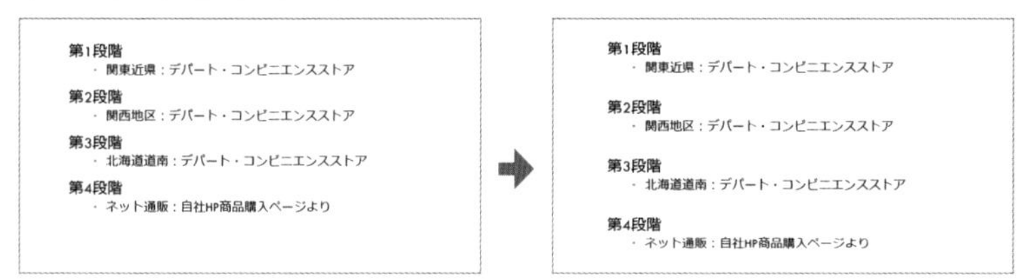


同じ内容をWordの節でもご紹介しました（P.126参照）が、PowerPointでも同じように**段落のブロック化**を忘れず設定しておきましょう。

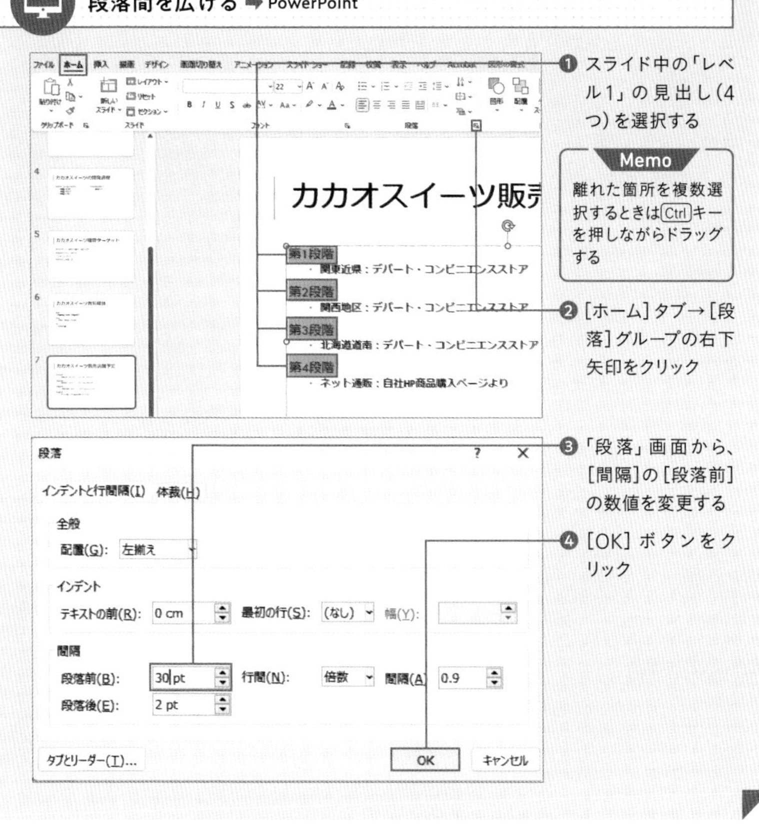


## 発表時こそPowerPointの機能が活きる

#基礎知識　#スピード

　プレゼンテーションの発表では、パソコンの画面を注視せず、できるだけ相手の顔を見て話したいですね。そのためには、スライド操作もマウスではなく**ショートカットキー**で実行するほうがいいでしょう。ぜひ次のショートカットキーは覚えてください。

| プレゼンテーションの実行 | F5キー |
|---|---|
| 選択したスライドからの再実行 | Shift+F5キー |
| プレゼンテーションの中止 | Escキー |
| 動作を進める | Enterキー |
| スライド（動作）を1つ戻す | Backspaceキー |
| スライド実行中に無地のスライドを表示 | Bキー（黒）／Wキー（白） |
| ペン | Ctrl+Pキー |
| ペンの削除 | Eキー |

また、スライドを単に読みあげるのではなく、補足説明の内容も付け加えたいとき、自分用のメモとして、**ノート**の機能を活用しましょう。スライドの下に**ノートペイン**の画面を表示することで、各スライドで話す内容を入力できます。なお、ノートペインはスライド下の境界線を上下にドラッグすれば、表示領域を変更できます。

**ノートペイン**

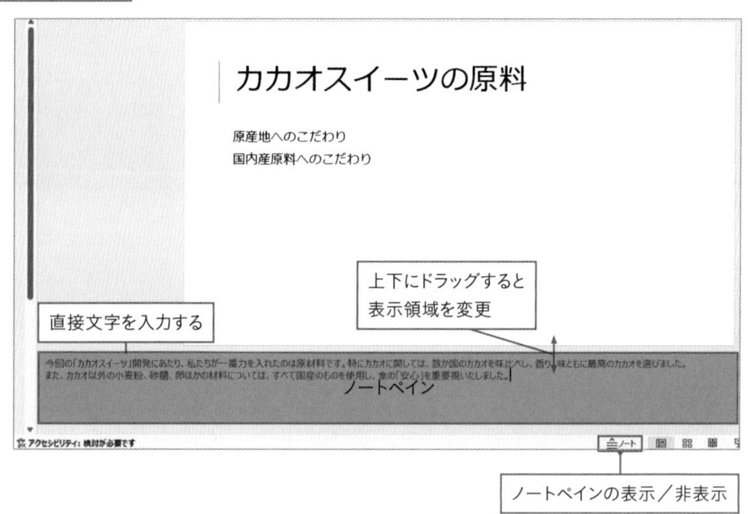

ノートペインに入力した内容は**印刷**することもできます。スライド外にお客様への補足説明を記載して、資料を配布する場面に活用できます。ただし、ノートを含んでスライドを印刷する場合は、A4に1スライドしか印刷できないので、注意しましょう。

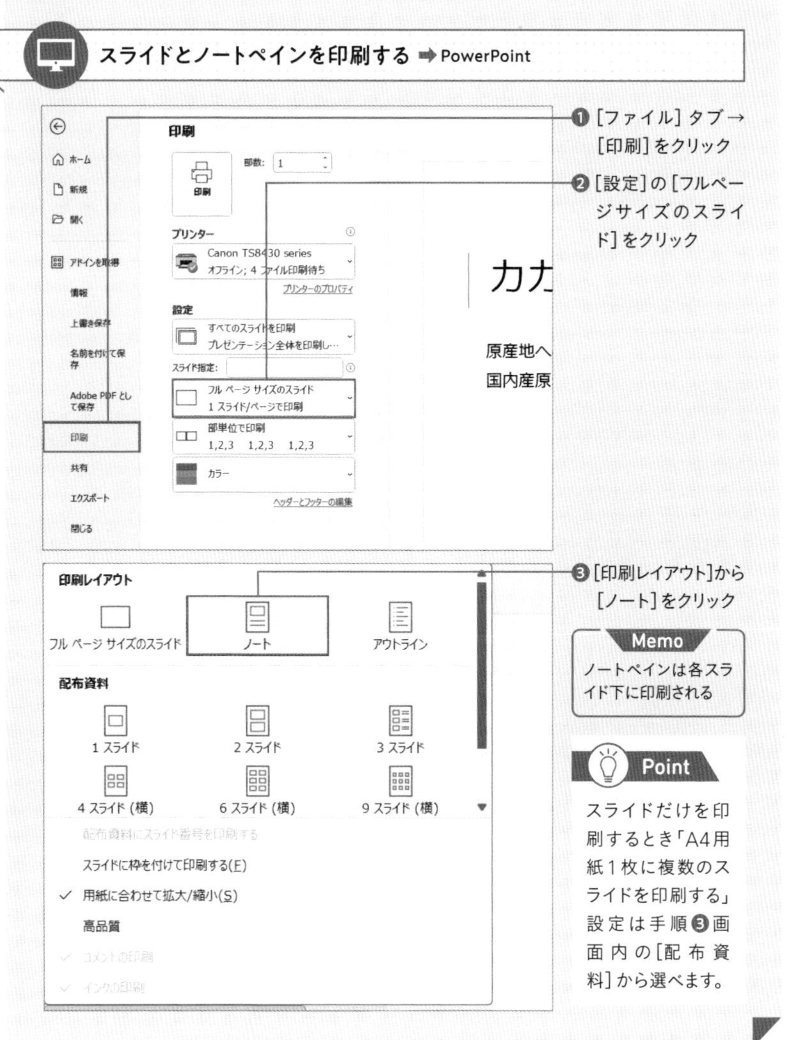

CHAPTER 03-04

# 資料作成ソフトに共通する「表の文字配置」テクニック

## 読みやすい表は「文字配置」がカギ

#基礎知識　#共通機能　#正確性　#スピード　#共有性

これまでに、資料作成で大切な３つのポイントは「正確に伝わる」「効率的に作成できる」「共有性があり修正しやすい」であり、それらを満たすためには**ソフトの機能を活用して作成する**ことが重要だと述べてきました。

特に、**文字の配置**は重要ポイントです。どんな資料でも「文字配置」がきちんと整っていないと、資料の印象が悪いばかりでなく正確に伝わりにくくなります。文字配置は資料作成の３つのポイントすべてに絡んでいるのです。

前節までで、各ソフトの基本的な文字配置に触れましたが、ここでは、３つのソフトに共通する**表の文字配置**をご紹介します。「表」はどのソフトにも登場する重要な要素でありながら見落とされがちなので、ここでまとめてマスターしましょう。

「見やすい表」にする文字配置のポイントは以下の点です。

### 表の文字配置のポイント

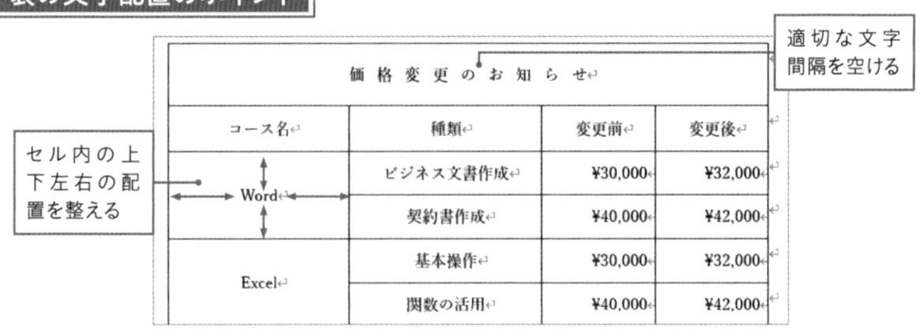

価格変更のお知らせ

| コース名 | 種類 | 変更前 | 変更後 |
|---|---|---|---|
| Word | ビジネス文書作成 | ¥30,000 | ¥32,000 |
| | 契約書作成 | ¥40,000 | ¥42,000 |
| Excel | 基本操作 | ¥30,000 | ¥32,000 |
| | 関数の活用 | ¥40,000 | ¥42,000 |

## 「上下左右」を整えて見映えをグッとよくする！

#基礎知識　#共通機能　#正確性　#スピード　#共有性

手始めに、セル内の**上下左右の文字配置**を設定してみましょう。たとえば、下表ではセル内での文字位置がすべて、左上に寄ってしまっています。セルには幅だけでなく高さもあるので、上下左右の配置は必ず整える必要があります。

**セルの左上に文字が寄ってしまう**

| 価格変更のお知らせ | | | |
|---|---|---|---|
| コース名 | 種類 | 変更前 | 変更後 |
| Word | ビジネス文書作成 | ¥30,000 | ¥32,000 |
| | 契約書作成 | ¥40,000 | ¥42,000 |

**タイトルや項目は上下左右の中央に配置**すると見やすくなります。データのセルは**テキストは左揃え**、**数値は右揃え**で桁をそろえましょう。

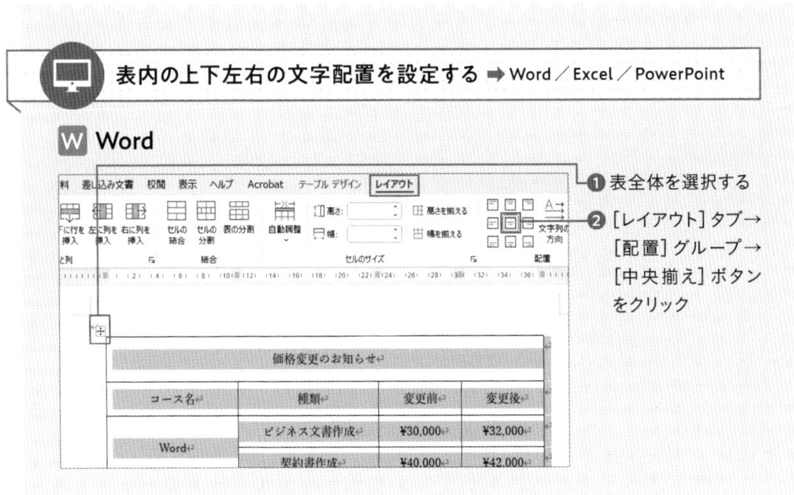

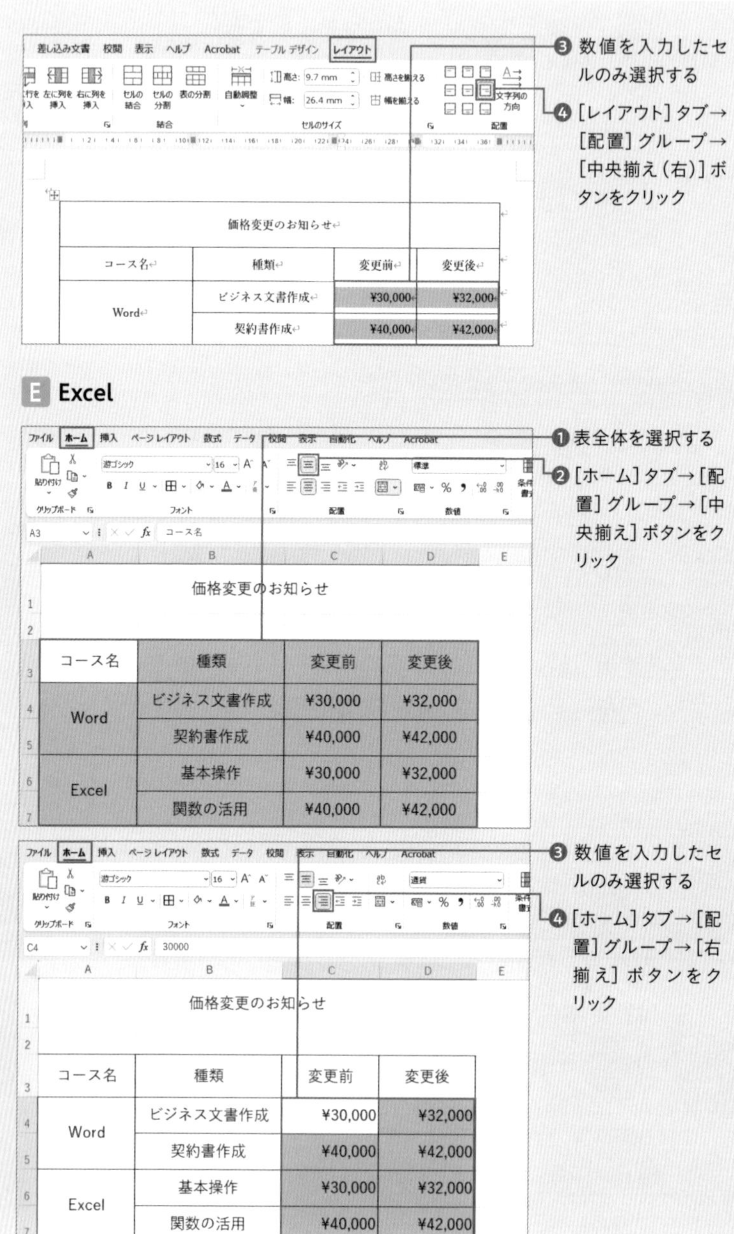
❸ 数値を入力したセルのみ選択する
❹ [レイアウト]タブ→[配置]グループ→[中央揃え(右)]ボタンをクリック
価格変更のお知らせ
コース名
種類
変更前
変更後
Word
ビジネス文書作成
¥30,000
¥32,000
契約書作成
¥40,000
¥42,000
E Excel
❶ 表全体を選択する
❷ [ホーム]タブ→[配置]グループ→[中央揃え]ボタンをクリック
価格変更のお知らせ
コース名
種類
変更前
変更後
Word
ビジネス文書作成
¥30,000
¥32,000
契約書作成
¥40,000
¥42,000
Excel
基本操作
¥30,000
¥32,000
関数の活用
¥40,000
¥42,000
❸ 数値を入力したセルのみ選択する
❹ [ホーム]タブ→[配置]グループ→[右揃え]ボタンをクリック
価格変更のお知らせ
コース名
種類
変更前
変更後
Word
ビジネス文書作成
¥30,000
¥32,000
契約書作成
¥40,000
¥42,000
Excel
基本操作
¥30,000
¥32,000
関数の活用
¥40,000
¥42,000

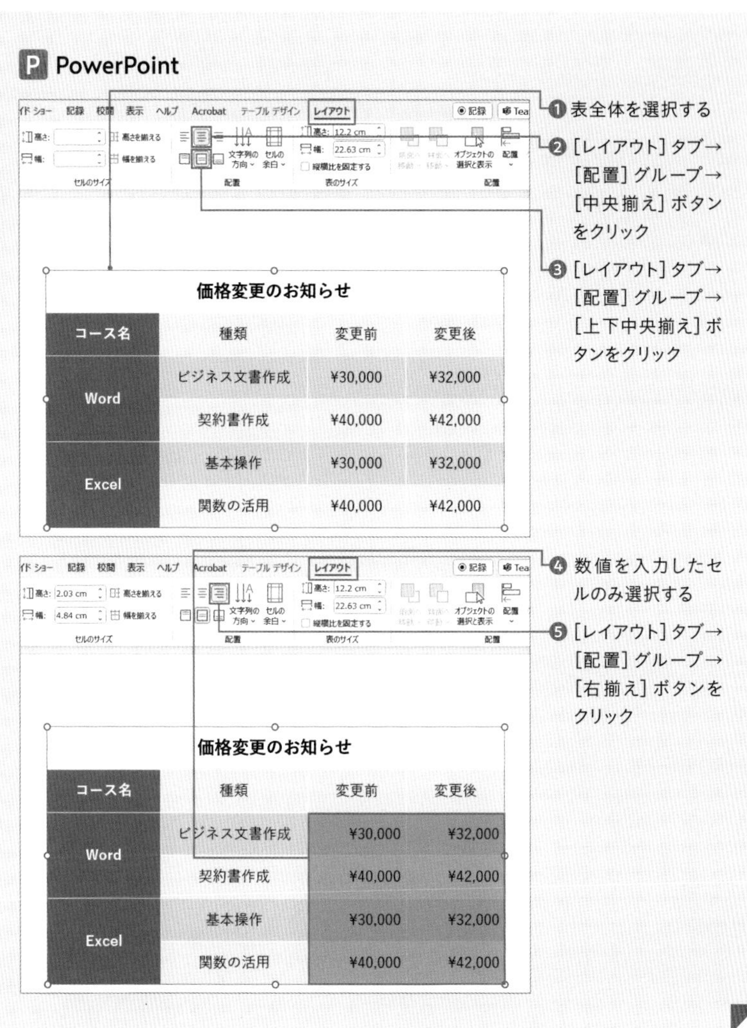
PowerPoint
❶表全体を選択する
❷[レイアウト]タブ→[配置]グループ→[中央揃え]ボタンをクリック
❸[レイアウト]タブ→[配置]グループ→[上下中央揃え]ボタンをクリック
価格変更のお知らせ
コース名
種類
変更前
変更後
Word
ビジネス文書作成
¥30,000
¥32,000
契約書作成
¥40,000
¥42,000
Excel
基本操作
¥30,000
¥32,000
関数の活用
¥40,000
¥42,000
❹数値を入力したセルのみ選択する
❺[レイアウト]タブ→[配置]グループ→[右揃え]ボタンをクリック
価格変更のお知らせ
コース名
種類
変更前
変更後
Word
ビジネス文書作成
¥30,000
¥32,000
契約書作成
¥40,000
¥42,000
Excel
基本操作
¥30,000
¥32,000
関数の活用
¥40,000
¥42,000

## 表内の文字配置は細部までこだわろう

#基礎知識　#共通機能　#正確性　#スピード　#共有性

**「タイトル行の文字間隔を広げたい！」**とき、もちろんスペースは使いません。これまでに度々挙がっていた、文字の**均等割り付け**を使用します。均等割り付けを設定していれば、文字を修正しても文字間が自動で調整されます。Word は P.126、Excel は P.146 を参照してください。

### タイトル行の文字間調整

| 価 格 変 更 の お 知 ら せ | | | |
|---|---|---|---|
| コース名 | 種類 | 変更前 | 変更後 |
| Word | ビジネス文書作成 | ¥30,000 | ¥32,000 |
| | 契約書作成 | ¥40,000 | ¥42,000 |
| Excel | 基本操作 | ¥30,000 | ¥32,000 |
| | 関数の活用 | ¥40,000 | ¥42,000 |



PowerPoint は以下の操作で文字間隔を広げられます。

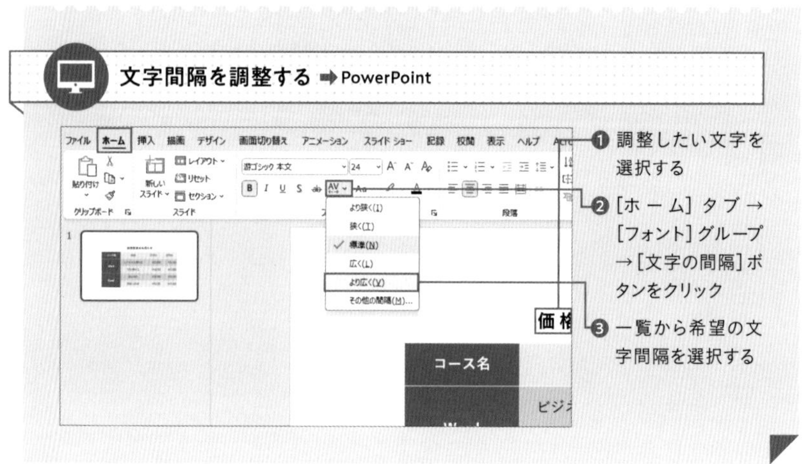

なお、Excel のリスト表では**文字のインデント**を意識しましょう。Word や PowerPoint では表内のテキストが左側に配置されても、罫線から少し間隔があります。ところが、Excel の場合は、**罫線の近くにテキストが配置**されています。そのため、数値のセルと文字列のセルがとなり合うと、情報が密集して読みにくく感じますね。そこで、テキストの列を **1 文字ぶん字下げ**しておくと読みやすくなります。

**罫線から間隔を空けると読みやすい!**

| | A | B | C |
|---|---|---|---|
| 1 | 日付 | 店名 | 販売形態 |
| 2 | 2023/1/7 | 中央店 | 自販機 |
| 3 | 2023/1/7 | 渋谷店 | 自販機 |
| 4 | 2023/1/7 | 本店 | 自販機 |
| 5 | 2023/1/7 | 西通り店 | 自販機 |
| 6 | 2023/1/7 | 渋谷店 | 店内販売用 |
| 7 | 2023/1/14 | 本店 | 自販機 |

罫線近くにテキストが密集している

➡

| | A | B | C |
|---|---|---|---|
| 1 | 日付 | 店名 | 販売形態 |
| 2 | 2023/1/7 | 中央店 | 自販機 |
| 3 | 2023/1/7 | 渋谷店 | 自販機 |
| 4 | 2023/1/7 | 本店 | 自販機 |
| 5 | 2023/1/7 | 西通り店 | 自販機 |
| 6 | 2023/1/7 | 渋谷店 | 店内販売 |
| 7 | 2023/1/14 | 本店 | 自販機 |

インデントで罫線と間隔を空ける

## セル内にインデントを設定する ➡ Excel

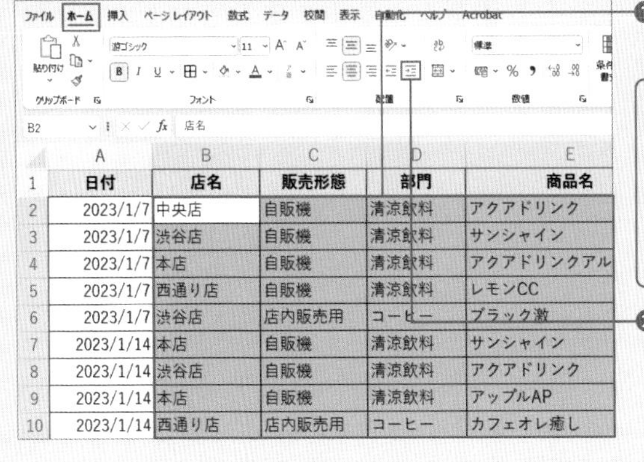


**Memo**

すべてのテキスト列にインデントを付けるときは、列をまとめて選択し、Ctrlキーを押しながらタイトル行をクリックして解除する

CHAPTER 03-05

# 資料作成ソフトに共通する「図形や表」のテクニック

## 初期値の図を変更してくり返しの操作を省略！

#基礎知識　#共通機能　#正確性　#スピード　#共有性

「マニュアルの作成時、画像に四角で囲みをする」など、資料作成では**同じ図形を使う場面**が多々あります。この図形、いつも**初期値**（青色塗りつぶし）になっていませんか？

**Officeソフト初期値の図**

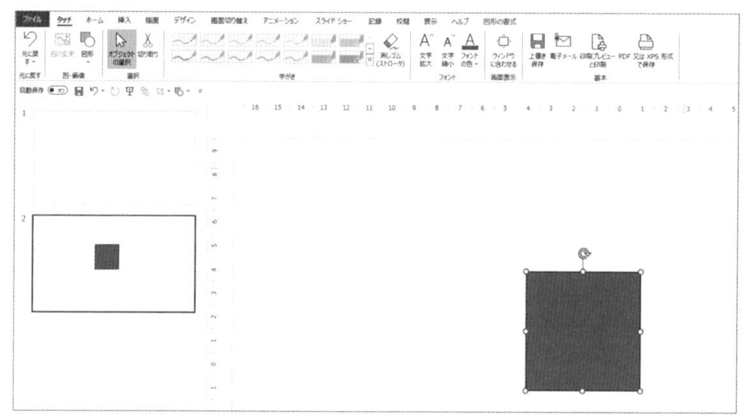

Officeソフトでは色や太さが規定で描画されるので、「画像に赤い囲みを挿入したい！」となったら、毎回、四角形の色・太さ・塗りつぶしの変更を余儀なくされます。この変更がめんどうで、一度描画した図形をコピーして再利用している方も多いでしょう。

資料中で何度も同じ図形を挿入するなら、**初期値の図形**を変更すると便利です。

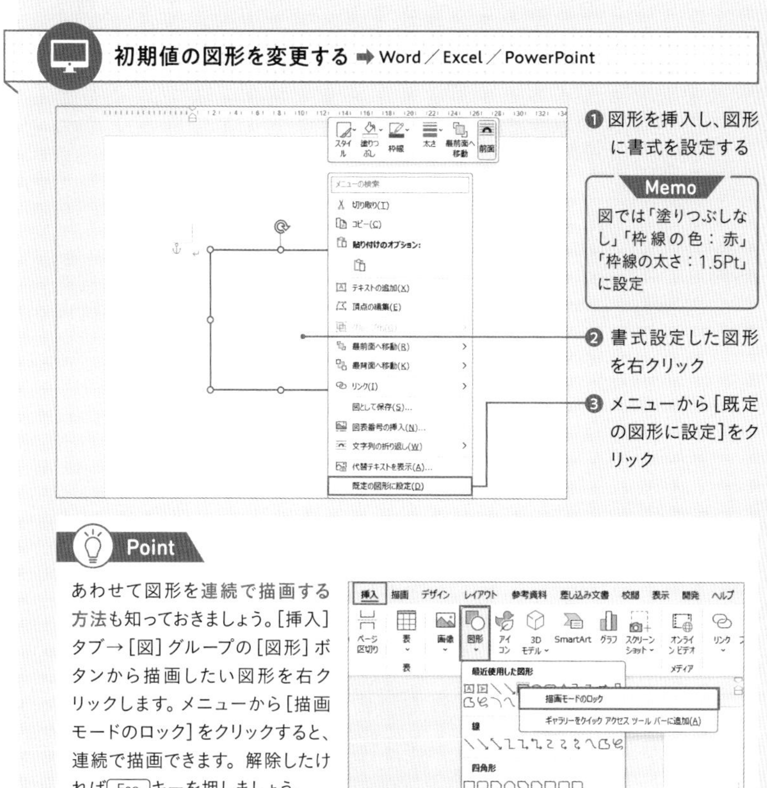

初期値の図形を変更する ➡ Word／Excel／PowerPoint
❶ 図形を挿入し、図形に書式を設定する
Memo
図では「塗りつぶしなし」「枠線の色：赤」「枠線の太さ：1.5Pt」に設定
❷ 書式設定した図形を右クリック
❸ メニューから[既定の図形に設定]をクリック
既定の図形に設定(D)
Point
あわせて図形を連続で描画する方法も知っておきましょう。[挿入]タブ→[図]グループの[図形]ボタンから描画したい図形を右クリックします。メニューから[描画モードのロック]をクリックすると、連続で描画できます。解除したければ Esc キーを押しましょう。
描画モードのロック


## 図の作成をパターン化しよう

#基礎知識　#共通機能　#正確性　#スピード　#共有性

箇条書きで表現できる情報は、表でも図でも表現できます。どの表現が一番相手に伝わりやすいでしょうか？

もし「図を使って説明したい」ときには、WordやExcel、PowerPointで挿入できる**図形を組み合わせた図**を作成します。たとえば、フローチャート（全体像の把握や効率化を図るために業務の流れを表現した図）やリスト、手順、階層、集合関係……などなど、さまざまな図による表現方法があります。

図による表現は、視覚的に伝わりやすい一方、作成に時間がかかります。資料作成のたびに図を1から作成していたのでは、作業時間がいくらあっても足りません。そこで、なるべく省略化できる方法を2つ覚えましょう。

### ● SmartArtのテンプレートを活用する

Officeソフトにはテンプレートから作成できる**SmartArt**と呼ばれる図があります。これはWord・Excel・PowerPoint共通で、［挿入］タブ→［図］グループの［SmartArt］ボタンから作成できます。

SmartArtのテンプレート一覧

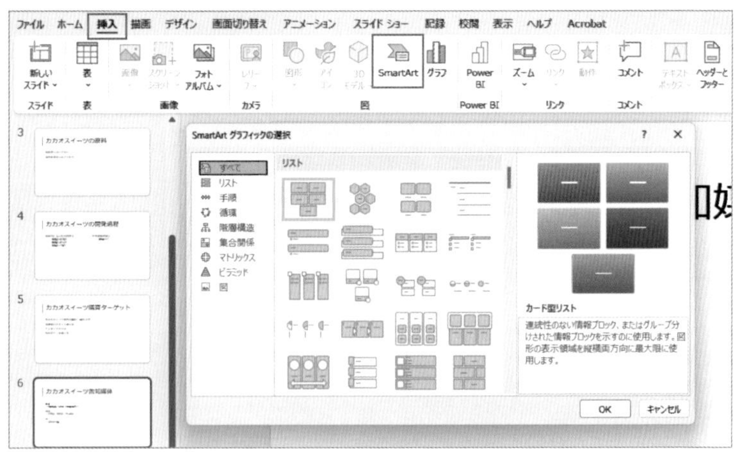


さらに、PowerPointの場合は、**箇条書きを自動でSmartArtに変換する**こともできます。

## 箇条書きをSmartArtに変換

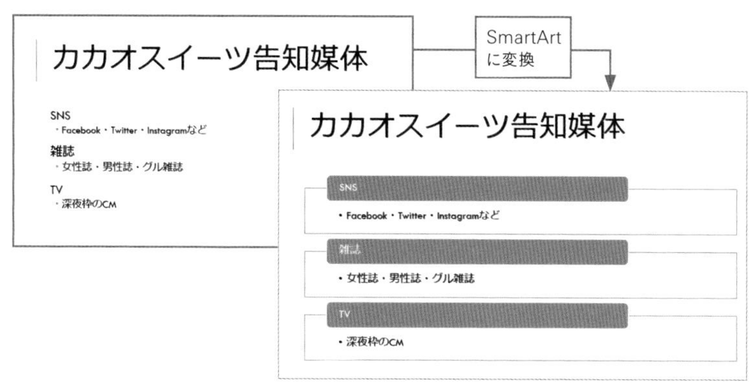

### 箇条書きをSmartArtに変換する ➡ PowerPoint

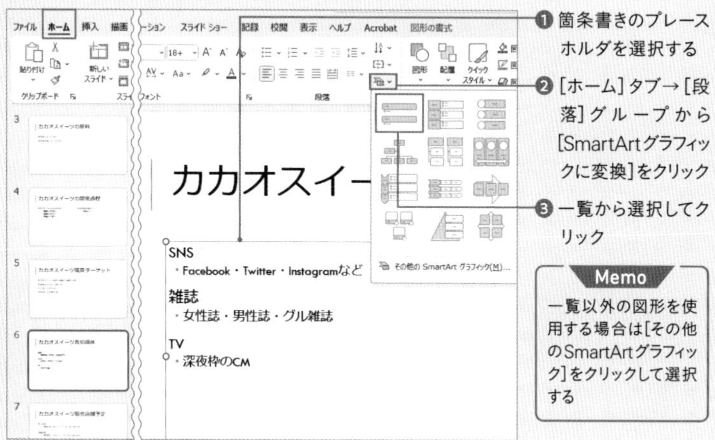

❶ 箇条書きのプレースホルダを選択する

❷ [ホーム] タブ→ [段落] グループから [SmartArtグラフィックに変換] をクリック

❸ 一覧から選択してクリック

**Memo**
一覧以外の図形を使用する場合は[その他のSmartArtグラフィック]をクリックして選択する

**Point**

SmartArt作成後に図形の追加や削除をする場合は、アウトライン入力を活用すると便利です。基本的な操作（同じ階層を追加、レベル上げ、レベル下げ）はP.159と同じですので、ご参照ください。

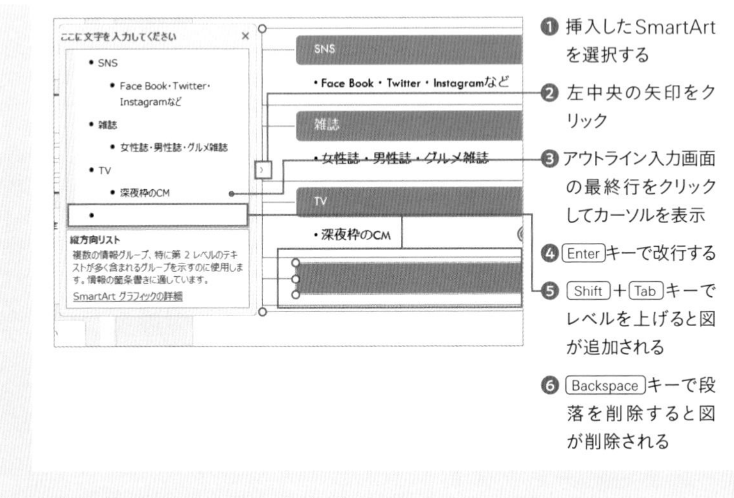


## ● オリジナルのフローチャートをパターン化する

一度作成したフローチャートを**図として保存**します。すると、保存した図は、Word・Excel・PowerPoint 共通でも使用でき、ほかの資料に使いまわせて、とても便利です。

### 作成した図を「図として保存」する ➡ Word／Excel／PowerPoint

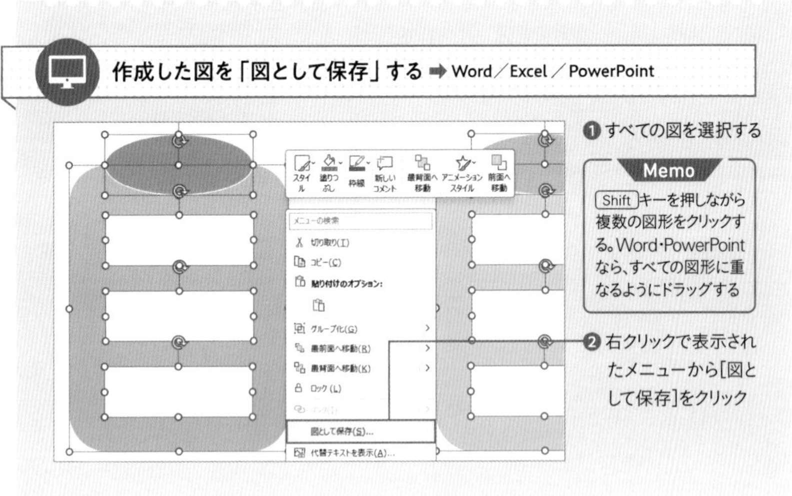

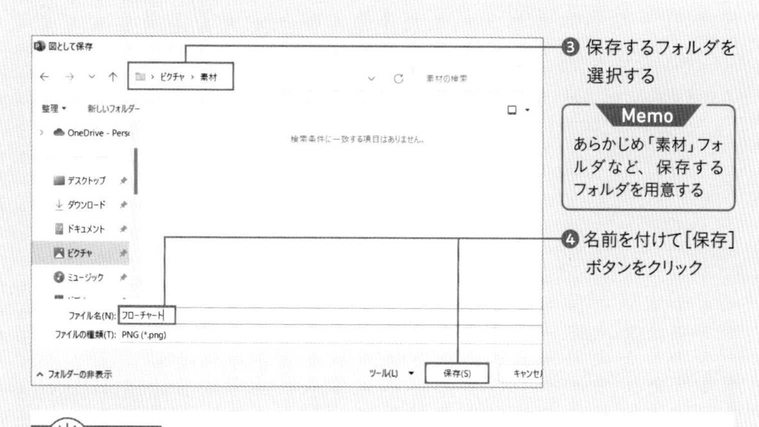


**Point**

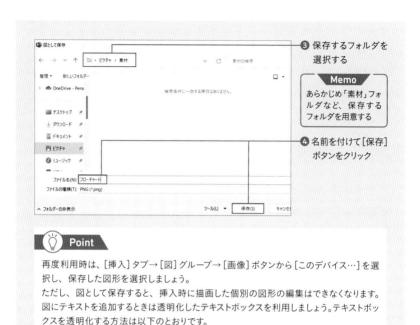

再度利用時は、［挿入］タブ→［図］グループ→［画像］ボタンから［このデバイス…］を選択し、保存した図形を選択しましょう。
ただし、図として保存すると、挿入時に描画した個別の図形の編集はできなくなります。図にテキストを追加するときは透明化したテキストボックスを利用しましょう。テキストボックスを透明化する方法は以下のとおりです。

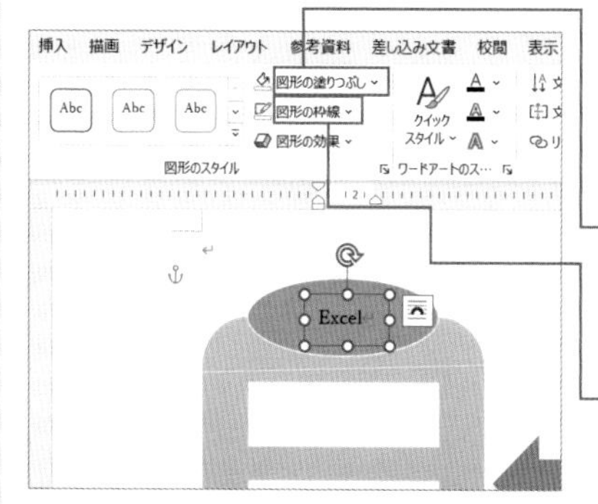


❶［挿入］タブ→［図］グループの［図形］ボタンから［テキストボックス］を選択する
❷ 挿入したい位置でドラッグ
❸［図形の書式］タブ→［図形のスタイル］から［図形の塗りつぶし］ボタンをクリックし［塗りつぶしなし］を選択する
❹［図形の枠線］ボタンをクリックし［枠線なし］を選択する

## キャプチャ画像を資料に手早く取りこむ

#基礎知識　#共通機能　#正確性　#スピード　#共有性

資料作成時にWebページの画像を取りこむとき、どうしていますか？

Windowsの機能で画面をキャプチャして、トリミングして、Officeソフトを開いて、取りこんで……というのは手間がかかりますね。

Word・Excel・PowerPointには**スクリーンショット**機能があります。表示されている画面やその一部を作成中の資料に挿入できる機能です。

## ウィンドウ全体でも一部でも、すぐに挿入できる

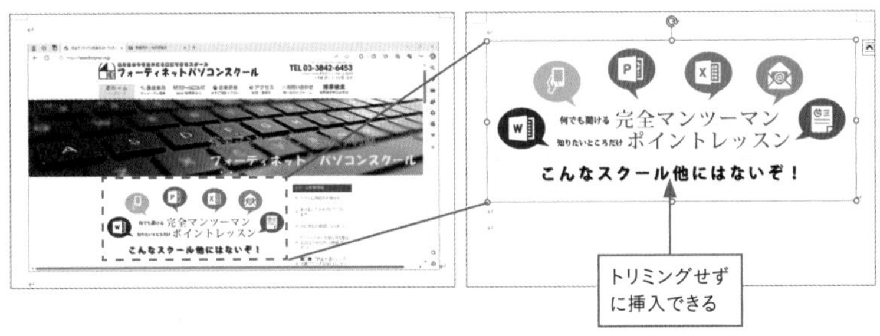


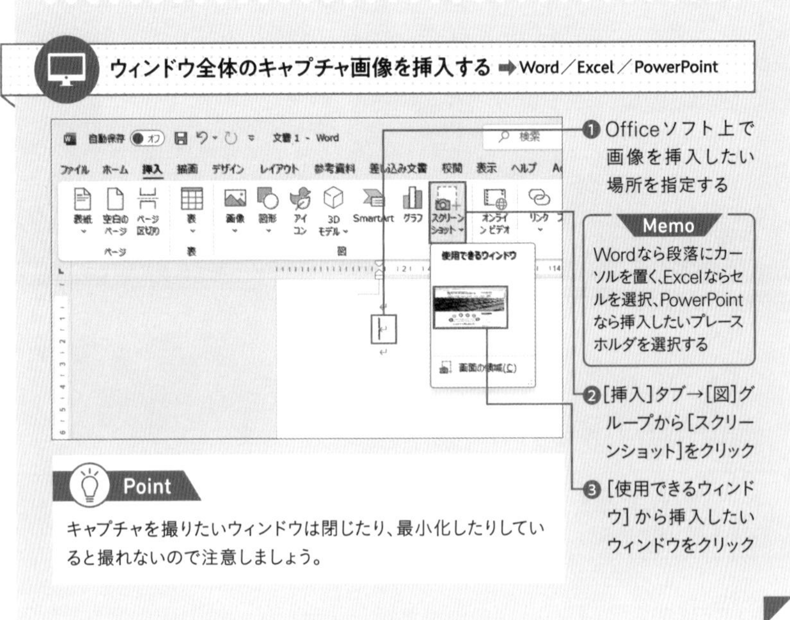

ウィンドウ全体のキャプチャ画像を挿入する ➡Word／Excel／PowerPoint
❶Officeソフト上で画像を挿入したい場所を指定する
Memo
Wordなら段落にカーソルを置く、Excelならセルを選択、PowerPointなら挿入したいプレースホルダを選択する
❷[挿入]タブ→[図]グループから[スクリーンショット]をクリック
❸[使用できるウィンドウ]から挿入したいウィンドウをクリック
Point
キャプチャを撮りたいウィンドウは閉じたり、最小化したりしていると撮れないので注意しましょう。

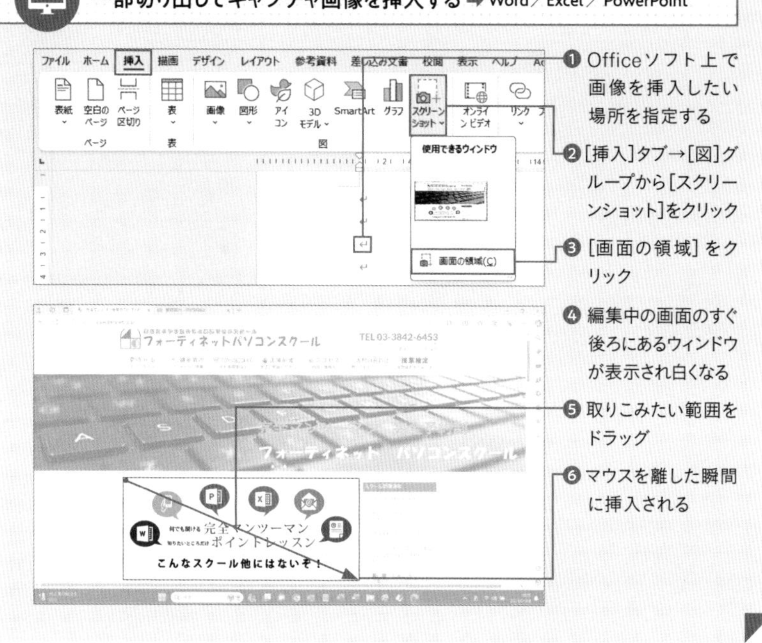


## Excelの表をWord・PowerPointで使いまわすには

#基礎知識　#共通機能　#正確性　#スピード　#共有性

資料作成の重要な要素である**「表」**。表はどの資料作成ソフトでも作れますが、Excel で作成することが多々あるでしょう。そうなると、

**「Excel で作った表を、Word や PowerPoint に取りこみたい」**

という場面もあります。このとき、何も考えず、コピー＆ペーストしていないでしょうか。各ソフトに貼り付けた後に**編集が必要かどうか**で、**貼り付け方法**は変わります。

- デザインや入力データを少しだけ編集する ➡ そのまま貼り付け
- 元データが確定しておらず編集が必要 ➡「ワークシートオブジェクト」で貼り付け
- 貼り付け後に編集はしない ➡ 図として貼り付け

Excelでコピー（Ctrl+Cキー）したあとの各貼り付けかたを、以下でくわしく解説します。

### ●そのまま貼り付け

WordやPowerPointにペーストする（Ctrl+Vキー）と、**貼り付け先のソフトの表**として挿入されます。貼り付けた表を選択すると、[テーブルデザイン]［レイアウト］……などの表編集用のタブが表示され、そこで編集できるのです。

**「そのまま貼り付け」のポイント**

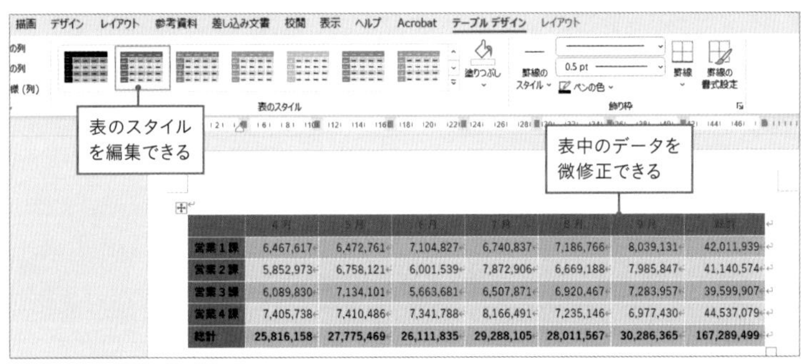


| | 4月 | 5月 | 6月 | 7月 | 8月 | 9月 | 総計 |
|---|---|---|---|---|---|---|---|
| 営業1課 | 6,467,617 | 6,472,761 | 7,104,827 | 6,740,837 | 7,186,766 | 8,039,131 | 42,011,939 |
| 営業2課 | 5,852,973 | 6,758,121 | 6,001,539 | 7,872,906 | 6,669,188 | 7,985,847 | 41,140,574 |
| 営業3課 | 6,089,830 | 7,134,101 | 5,663,681 | 6,507,871 | 6,920,467 | 7,283,957 | 39,599,907 |
| 営業4課 | 7,405,738 | 7,410,486 | 7,341,788 | 8,166,491 | 7,235,146 | 6,977,430 | 44,537,079 |
| 総計 | 25,816,158 | 27,775,469 | 26,111,835 | 29,288,105 | 28,011,567 | 30,286,365 | 167,289,499 |

各ソフトのタブから編集できる、ということはWordやPowerPointの**デザインを適用できる**ので、表の色はほかの図形と同じ色合いに統一されます。貼り付けた表だけが資料のデザインとバラバラになることはありません。

なお、表中のデータはカーソルを置くことで編集したり計算式を組み立てたりすることはできますが、Excelのようにさまざまな関数を使用することはできません。

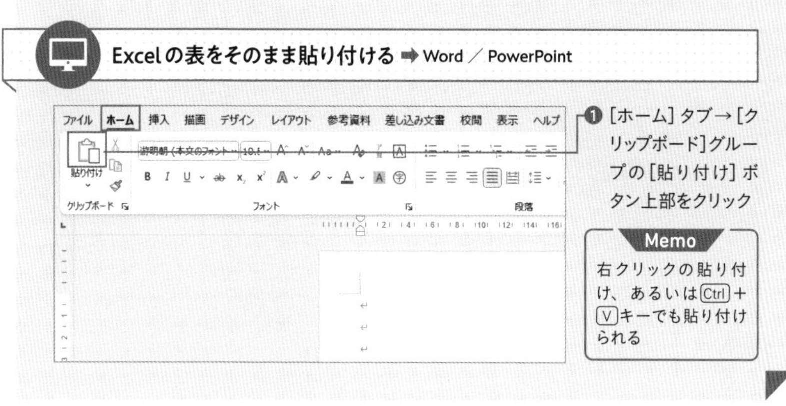

Excelの表をそのまま貼り付ける ➡ Word ／ PowerPoint
ファイル ホーム 挿入 描画 デザイン レイアウト 参考資料 差し込み文書 校閲 表示 ヘルプ
貼り付け
クリップボード
フォント
段落
❶［ホーム］タブ→［クリップボード］グループの［貼り付け］ボタン上部をクリック
Memo
右クリックの貼り付け、あるいはCtrl＋Vキーでも貼り付けられる


## ●「ワークシートオブジェクト」として貼り付け

元データがまだ確定していない、今後編集作業が必要になる可能性がある表の場合は、断然**ワークシートオブジェクト**での貼り付けがおすすめです。

この貼り付け方法の大きな特徴は、**元のExcelのブックとつながること**です。貼り付けた表をダブルクリックすると、なんと**ExcelのワークシートとExcelのリボンが表示**されます。

「ワークシートオブジェクト」のポイント

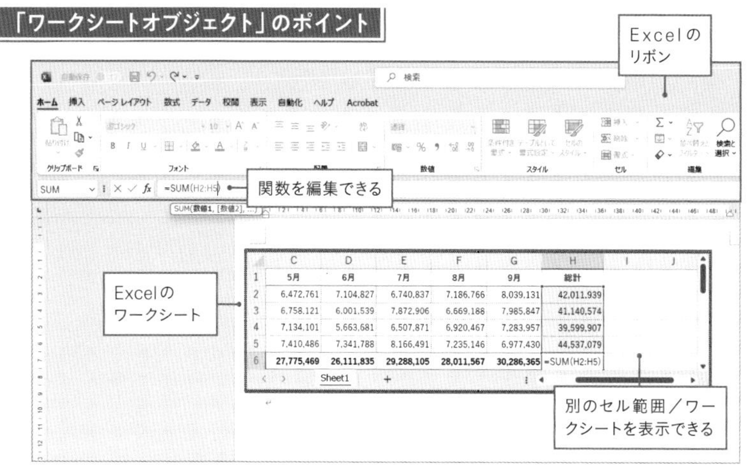


| | C | D | E | F | G | H |
|---|---|---|---|---|---|---|
| 1 | 5月 | 6月 | 7月 | 8月 | 9月 | 総計 |
| 2 | 6,472,761 | 7,104,827 | 6,740,837 | 7,186,766 | 8,039,131 | 42,011,939 |
| 3 | 6,758,121 | 6,001,539 | 7,872,906 | 6,669,188 | 7,985,847 | 41,140,574 |
| 4 | 7,134,101 | 5,663,681 | 6,507,871 | 6,920,467 | 7,283,957 | 39,599,907 |
| 5 | 7,410,486 | 7,341,788 | 8,166,491 | 7,235,146 | 6,977,430 | 44,537,079 |
| 6 | 27,775,469 | 26,111,835 | 29,288,105 | 28,011,567 | 30,286,365 | =SUM(H2:H5) |

列・行の挿入削除や計算式の挿入、ワークシートの切り替え、データの表示範囲の変更など、通常の Excel の操作ができるのです。さらに、ワークシートオブジェクトの領域を広げれば、最初に貼り付けたデータの範囲を広げられます。

ただし、表の編集は Word や PowerPoint ではなく Excel の機能なので、貼り付け先のデザインと色合いが異なってしまうことがあります。

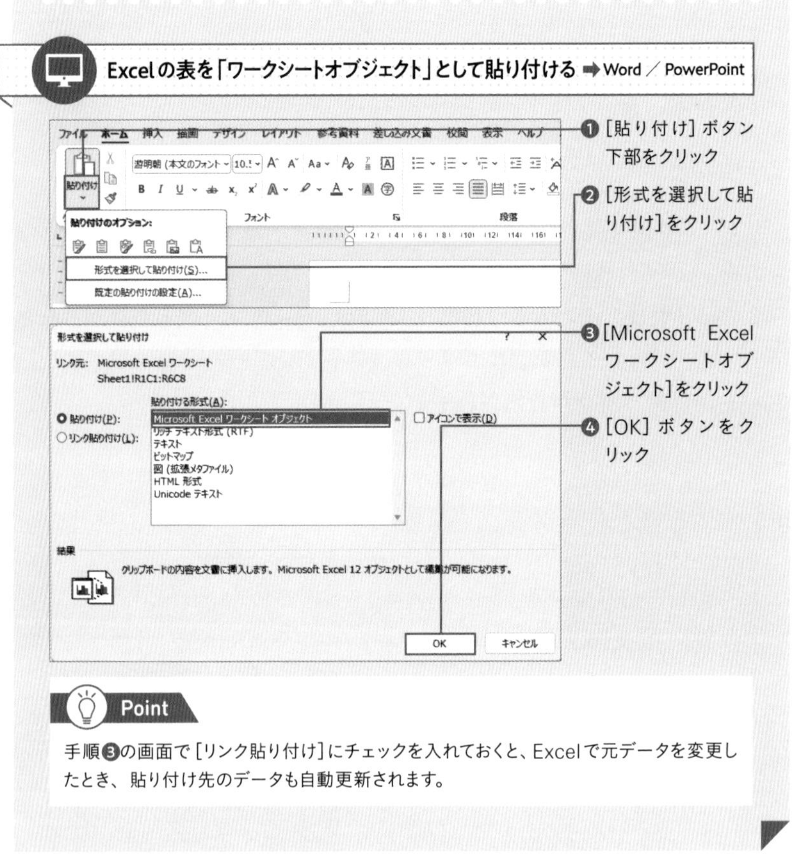


**Point**

手順❸の画面で [リンク貼り付け] にチェックを入れておくと、Excelで元データを変更したとき、貼り付け先のデータも自動更新されます。

● 図として貼り付け

データを変更しないのであれば、表を**図として貼り付け**ましょう。

## 「図として貼り付け」のポイント

| | 4月 | 5月 | 6月 | 7月 | 8月 | 9月 | 総計 |
|---|---|---|---|---|---|---|---|
| 営業1課 | 6,467,617 | 6,472,761 | 7,104,827 | 6,740,837 | 7,186,766 | 8,039,131 | 42,011,939 |
| 営業2課 | 5,852,973 | 6,758,121 | 6,001,539 | 7,872,906 | 6,669,188 | 7,985,847 | 41,140,574 |
| 営業3課 | 6,089,830 | 7,134,101 | 5,663,681 | 6,507,871 | 6,920,467 | 7,283,957 | 39,599,907 |
| 営業4課 | 7,405,738 | 7,410,486 | 7,341,788 | 8,166,491 | 7,235,146 | 6,977,430 | 44,537,079 |
| **総計** | **25,816,158** | **27,775,469** | **26,111,835** | **29,288,105** | **28,011,567** | **30,286,365** | **167,289,499** |

外部に提出する書類は**勝手にデータを変更される**のを防ぐため、最終的に図として貼り付けることをおすすめします。

たとえば、編集可能な「エクセルワークシートオブジェクト」で貼り付けて、データが確定したら、再度コピーをして編集ができない「図」として貼り付け直します。そうすることで、データが書き換わる心配がなくなります。

### Excelの表を図として貼り付ける ➡ Word ／ PowerPoint

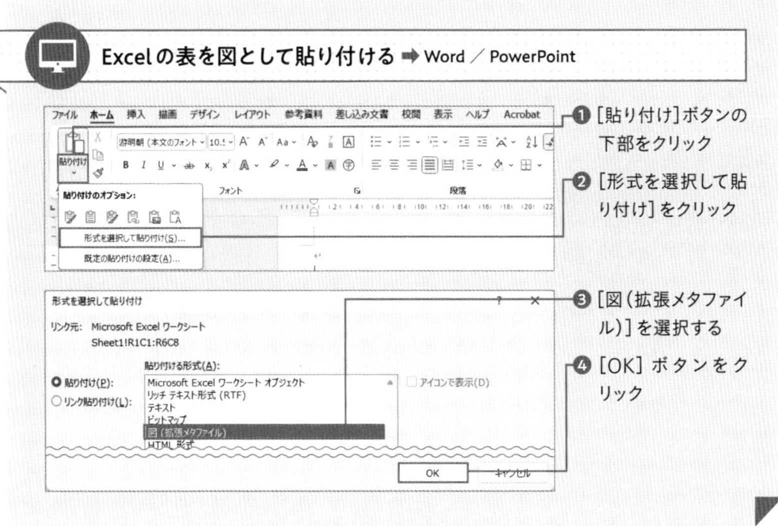

CHAPTER 03-06

# 資料作成ソフトに共通する「作業効率化」のテクニック

## 共通のショートカットキーで、3つのソフトを一度に効率アップ！

#基礎知識　#共通機能　#正確性　#スピード　#共有性

パソコンに向かって作業していると、

文字入力していたキーボードから手を離す
➡マウスに持ち替える
➡ボタンをクリックする

という、一連の動作がもどかしい場合があります。

このとき、マウスではなくキーボードからササッと操作できれば、何度もマウスに持ち替える手間が省けて作業時間も短縮されますね。

作業効率を上げるためには、極力マウスに頼らず、頻繁に使用する操作は**キーボード**上でおこないましょう。ここでは、Word・Excel・PowerPoint共通で使用できる、最初に覚えておきたい**ショートカットキー**を掲載しておきます。

| | |
|---|---|
| **コピー** | Ctrl+Cキー |
| **切り取り** | Ctrl+Xキー |
| **貼り付け** | Ctrl+Vキー |
| **操作を元に戻す** | Ctrl+Zキー |
| **やり直し** | Ctrl+Yキー |
| **名前を付けて保存** | F12キー |

| | |
|---|---|
| **上書き保存** | Ctrl+Sキー |
| **ソフトの終了** | Alt+F4キー |
| **タブのショートカットキー表示** | Altキー |
| **図のコピー** | 図を選択してCtrlキー+ドラッグ |
| **図の水平垂直コピー** | 図を選択してCtrl+Shiftキー+ドラッグ |
| **複数図形の選択** | 図を選択してShiftキーを押しながら2つめ以降の図をクリック |



## よく使う機能はクイックアクセスツールバーに追加しよう

#基礎知識　#共通機能　#正確性　#スピード　#共有性

作業効率を上げるために、**クイックアクセスツールバーのカスタマイズ**を覚えましょう。クイックアクセスツールバーとは、各ソフト画面の左上にあるバーのこと。よく使うコマンドをボタンとして登録できます。

**クイックアクセスツールバー**

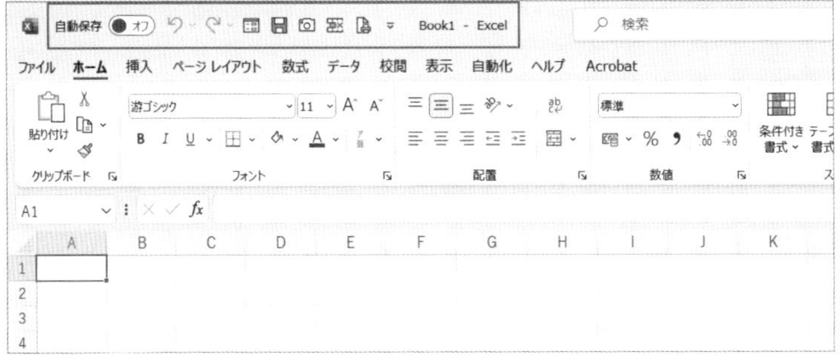


登録したボタンをクリックすれば、すぐにその機能を呼び出せます。たとえば、ファイルを印刷したいとき。本来印刷するには、[ファイル] タブ

をクリックして、さらにメニューの中から［印刷］をクリックして……と操作しますね。

ここで［印刷］ボタンをクイックアクセスツールバーに登録すれば、**ワンクリックで印刷できます**。１回でもクリックする回数を減らせば、操作は断然ラクになります。

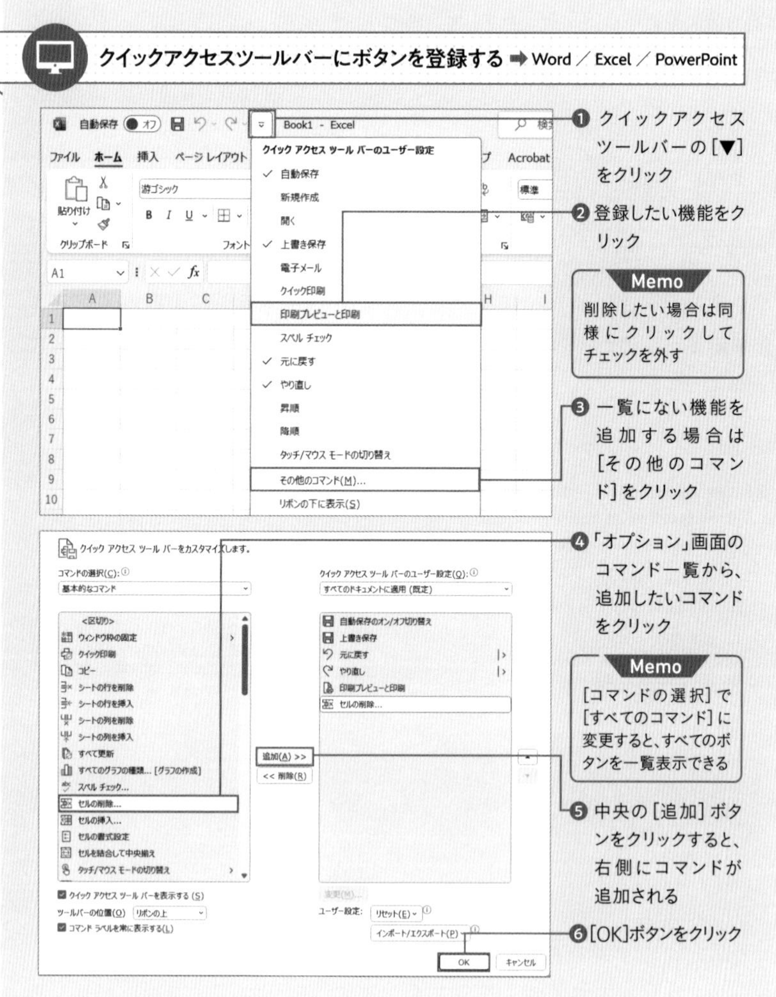

クイックアクセスツールバーにボタンを登録する ➡ Word ／ Excel ／ PowerPoint
❶クイックアクセスツールバーの［▼］をクリック
❷登録したい機能をクリック
Memo
削除したい場合は同様にクリックしてチェックを外す
❸一覧にない機能を追加する場合は［その他のコマンド］をクリック
❹「オプション」画面のコマンド一覧から、追加したいコマンドをクリック
Memo
［コマンドの選択］で［すべてのコマンド］に変更すると、すべてのボタンを一覧表示できる
❺中央の［追加］ボタンをクリックすると、右側にコマンドが追加される
❻［OK］ボタンをクリック

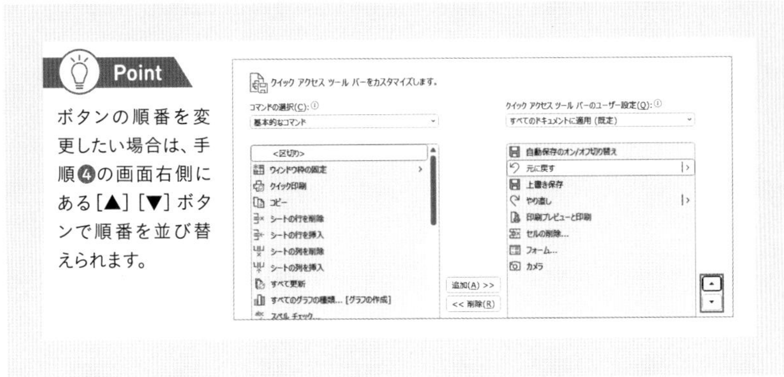

**Point**

ボタンの順番を変更したい場合は、手順❹の画面右側にある[▲][▼]ボタンで順番を並び替えられます。



## ボタンをたくさん登録するなら「リボン下」に置く

#基礎知識 #共通機能 #正確性 #スピード #共有性

前項では、クイックアクセスツールバーのボタン追加をおすすめしました。しかし、たくさんのボタンを追加すると、タイトルバーがボタンだらけで、どのボタンが何の操作かわからない……なんてことにも。そうなると、逆に非効率です。

そこで、クイックアクセスツールバーを、リボン上部から**リボン下部**に移動することをおすすめします。**ボタンの名前**が表示されるので、ボタンの数が多くなっても一目瞭然ですね。

**リボンの下に表示すると機能がわかる**

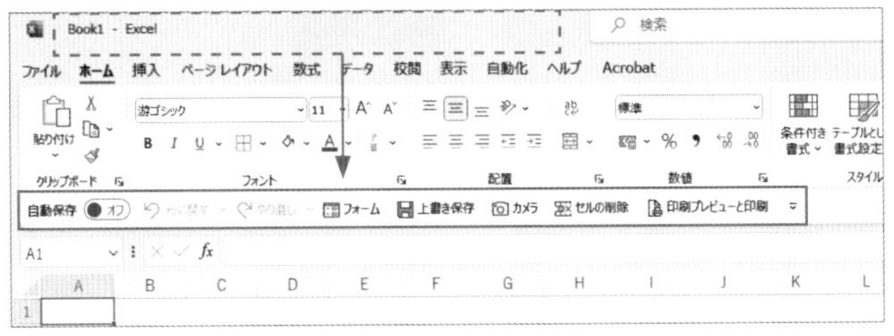

**クイックアクセスツールバーをリボン下に表示する** ➡ Word ／ Excel ／ PowerPoint

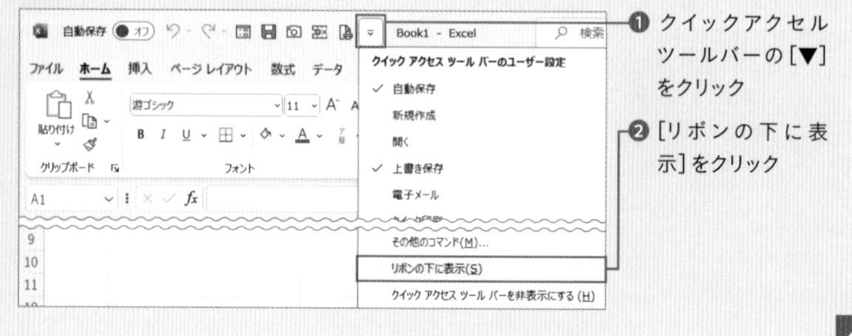

❶ クイックアクセルツールバーの[▼]をクリック
❷ [リボンの下に表示]をクリック

## タブは自分用にカスタマイズできる

#基礎知識　#共通機能　#正確性　#スピード　#共有性

クイックアクセスツールバー以外にも、カスタマイズできるところがあります。それは画面上部の**タブ**。[ファイル] [ホーム] [挿入] ……と並んでいますが、じつはここにオリジナルのタブを追加できるのです。

日々よく使うボタンを登録しておけば、あっちのタブ、こっちのタブ……とボタンを探す手間がなくなります。ショートカットキーを覚えることも作業をスピードアップする１つの手段ですが、ショートカットが使えなかったり、忘れてしまったりしたときに、とても役に立ちます。

**オリジナルの[日常操作]のタブで、さらに効率化**

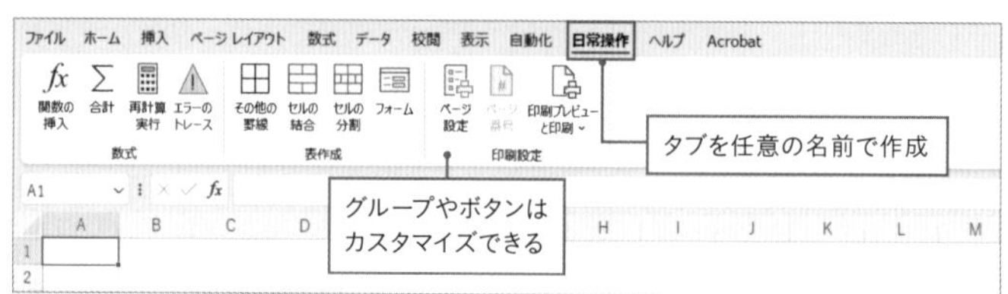

タブを任意の名前で作成
グループやボタンはカスタマイズできる

## リボンにオリジナルタブを追加する ➡ Word ／ Excel ／ PowerPoint

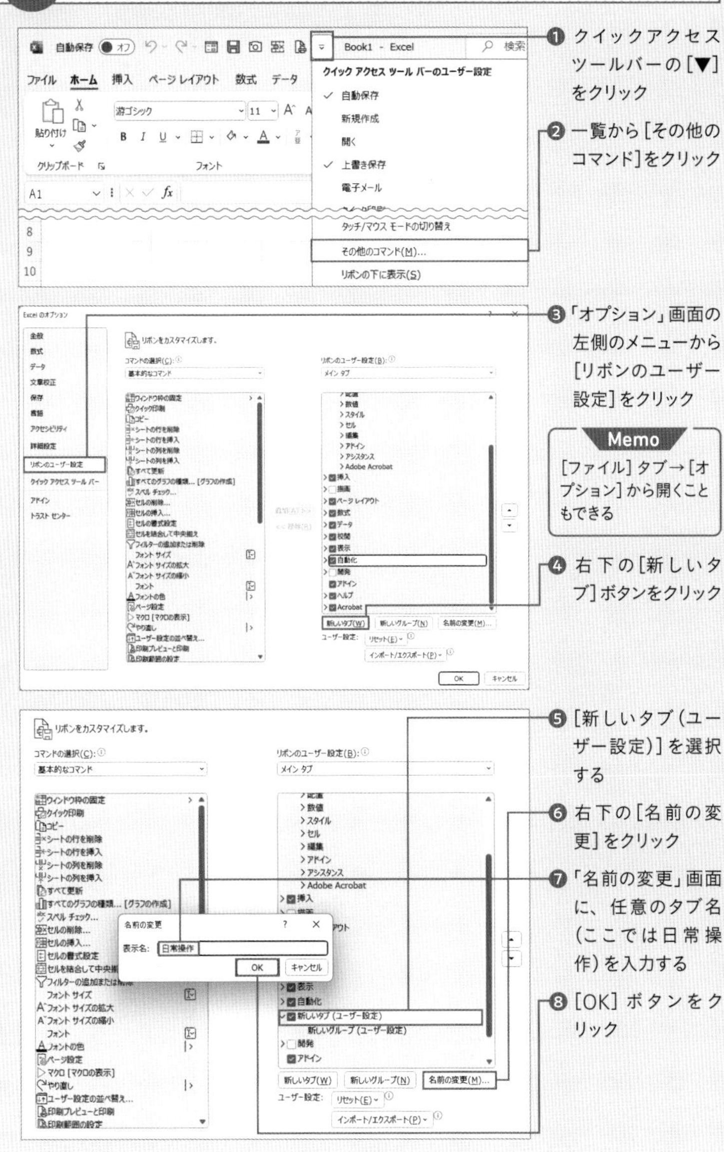

❶ クイックアクセスツールバーの[▼]をクリック

❷ 一覧から[その他のコマンド]をクリック

❸「オプション」画面の左側のメニューから[リボンのユーザー設定]をクリック

**Memo**
[ファイル]タブ→[オプション]から開くこともできる

❹ 右下の[新しいタブ]ボタンをクリック

❺ [新しいタブ(ユーザー設定)]を選択する

❻ 右下の[名前の変更]をクリック

❼「名前の変更」画面に、任意のタブ名(ここでは日常操作)を入力する

❽ [OK]ボタンをクリック

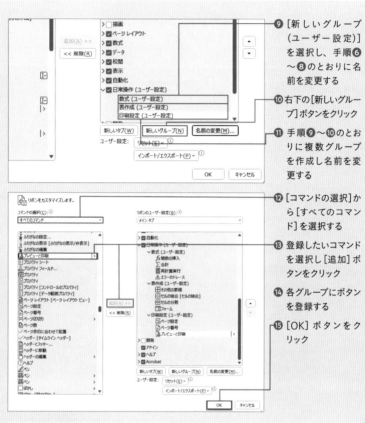

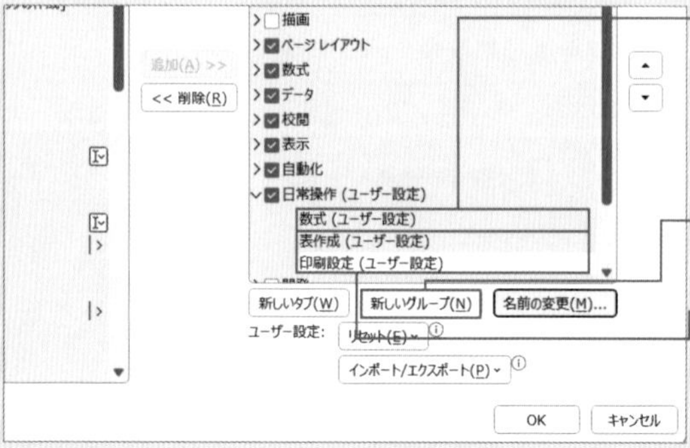

❾［新しいグループ（ユーザー設定）］を選択し、手順❻～❽のとおりに名前を変更する

❿右下の［新しいグループ］ボタンをクリック

⓫手順❾～❿のとおりに複数グループを作成し名前を変更する

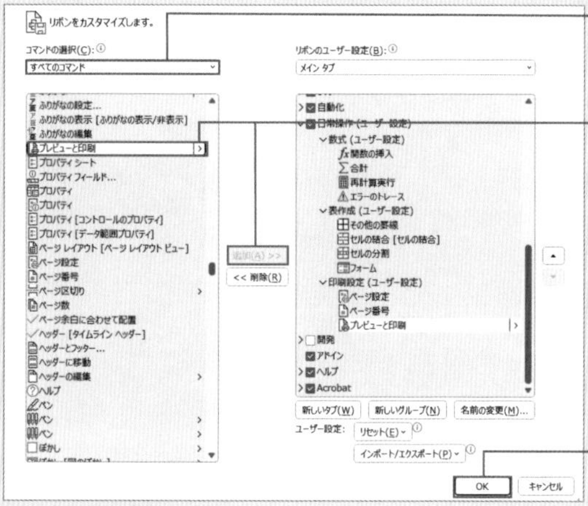

⓬［コマンドの選択］から［すべてのコマンド］を選択する

⓭登録したいコマンドを選択し［追加］ボタンをクリック

⓮各グループにボタンを登録する

⓯［OK］ボタンをクリック

**Point**

タブの順番を変更したい場合は、画面右側にある［▲］［▼］ボタンで順番を並び替えられます。

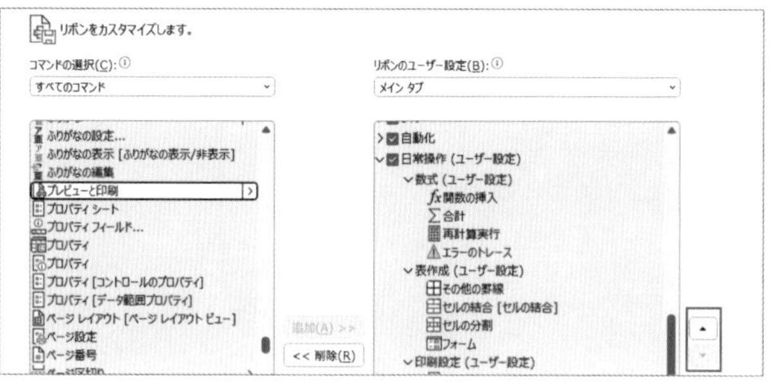

COLUMN

## 共有性を高めるPDFファイルの作成

効率化の話とはズレますが、ぜひWord・Excel・PowerPointで共通して覚えておいてほしい操作があります。それは、**作成したファイルのPDF化**です。

「Excelで作成した請求書をメールで送信する」

……などのように、作成した資料を外部の方に共有するのは、よくある業務です。しかし、このときExcelファイルのまま送信してしまうと、改ざんや「誤ってセルのデータを消してしまった！」などの意図しない変更で、**正式な内容がわからなくなる**トラブルが起こりかねません。また、資料を送った相手が異なる表計算ソフトを使用していると、作成したとおりに表示されない場合もあります。

これは、ExcelだけではなくWordの文書やPowerPointの資料でもいえること。この事態を避けるためには再編集不可の状態、つまり**PDFファイルに変換**してメールに添付することが一般的です。PDFファイルに変換することで、**アプリケーションソフトに依存しない**で表示できます。

### PDFファイルに変換する ➡ Word ／ Excel ／ PowerPoint

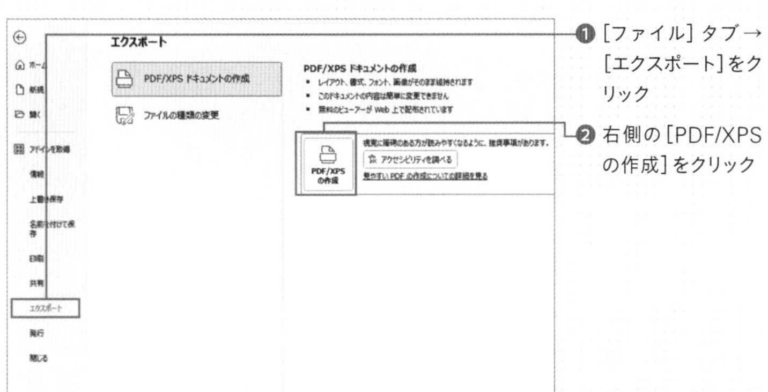


❶［ファイル］タブ→［エクスポート］をクリック

❷右側の［PDF/XPSの作成］をクリック

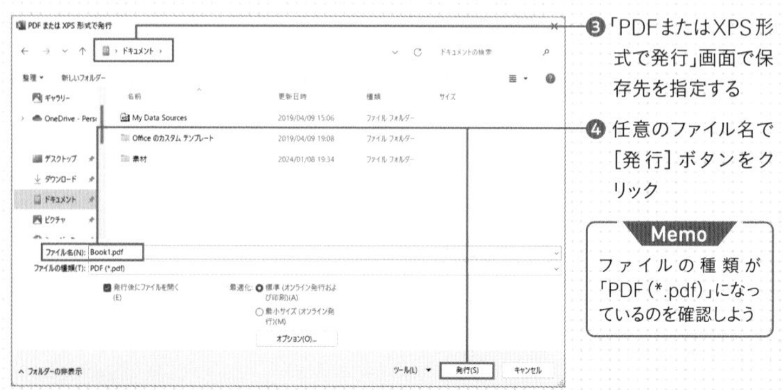

❸「PDFまたはXPS形式で発行」画面で保存先を指定する
❹任意のファイル名で[発行]ボタンをクリック
Memo
ファイルの種類が「PDF(*.pdf)」になっているのを確認しよう


**Point**

PDFファイルには印刷設定が反映されますので、PDF作成前にきちんと印刷設定をしておきましょう。

このように、PDF変換の操作は同じですが、Word / PowerPointと、ExcelではPDFになる範囲が異なります。

- Word / PowerPoint：**文書すべてが1つのPDFファイルになる**
- Excel：**選択しているシートのみがPDFファイルになる**

Excelのブックの中にあるワークシートすべて（ブック全体）を1つのPDFファイルにまとめたい場合は、次のように操作しましょう。

## ブック全体をPDFファイルに変換する ➡ Excel

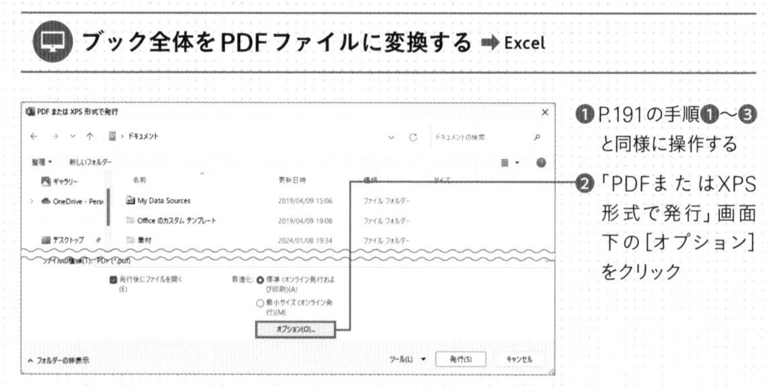

❶P.191の手順❶〜❸と同様に操作する
❷「PDFまたはXPS形式で発行」画面下の[オプション]をクリック

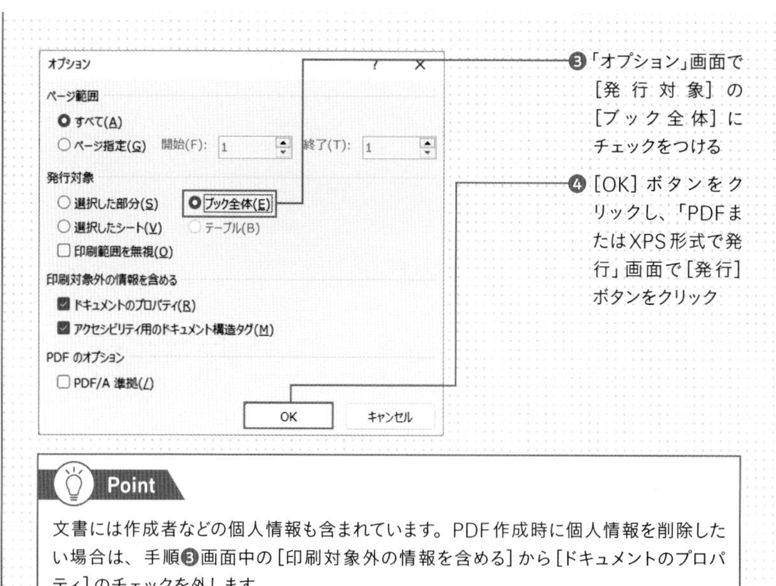


**Point**

文書には作成者などの個人情報も含まれています。PDF作成時に個人情報を削除したい場合は、手順❸画面中の[印刷対象外の情報を含める]から[ドキュメントのプロパティ]のチェックを外します。

CHAPTER

# 04

# 最高効率で業務をこなす！「ファイル管理」のスキル

使用OS　Windows

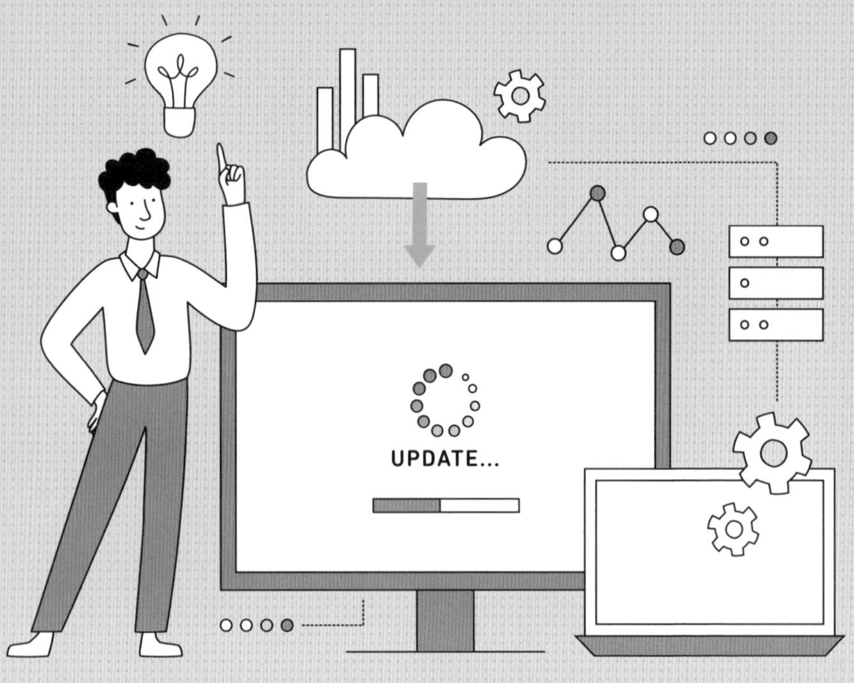

メーラーやブラウザ、Wordなどのソフトを開く以前に、**パソコン自体**はどのくらい使いこなせているでしょうか。

アプリのアイコンは、とりあえずデスクトップに置く……
ファイルを作成したら、とにかくフォルダーに突っこむ……

こんな感じで、なんとなくパソコンを使っている方も多いと思います。「WordやExcelのようにわざわざ機能を勉強する」のは少数派でしょう。

しかし、パソコンのしくみを考えれば、WindowsというOS（オペレーティングシステム）がパソコンの全体を管理し、さまざまなアプリケーションソフトを動かしています。ですから、その基本となる**Windowsの機能**を知ることは、**これまでの章すべてに関わる大切なスキル**です。時間短縮にも、ミスを最小限にとどめることにもつながります。

本書では特に重要な下記2点を学びましょう。

**① ファイル管理**

仕事を進める中で、ファイルが激減することはありえません。さまざまな資料を作成したり、メールの添付ファイルを保存したり……。パソコンの中にはどんどんファイルが溜まっていきます。溜まっていく一方のファイルだからこそきちんと管理して、いつでもすぐに必要なファイルを見つけるために整理する必要があるのです。

**② アイコン管理**

電源を入れて最初に開くデスクトップ。パソコンの“机の上”は、使いやすく整理されているでしょうか。必要なソフトやファイルをすぐに開くために必要な習慣とテクニックを身につけましょう。

CHAPTER 04-01

# 毎日の「ファイル管理」でパソコンスキルを向上させる

## ファイル管理は「ルール決め」が肝心

#ファイル管理　#正確性　#スピード　#共有性

**「この間頼んだ資料をメールですぐ送ってください」「はい！」**

……上司とそんなやりとりをしたけれど、該当のファイルが見つからず5分経ってもまだ送れない。ファイルを探す時間は自分だけでなく、**待っている相手の時間**も奪います。2倍の時間がムダに流れていくのです。

なぜ、このような事態が起きてしまうのでしょうか。原因は以下の2点が考えられます。

- 作成した資料の**保存場所**がわからない
- 類似する**ファイル名**があり、開かないと目的のファイルがわからない

これらを避ける「ファイル管理」で大切なのは、**ルールを決めること**です。

- 表示方法のルール
- フォルダー分けのルール
- 保存場所のルール
- ファイル名の付けかたのルール

自分の中できちんと「ルール」を決めておけば、目的のファイルがすぐに見つかり、ムダに検索することもなくなります。上手にファイル管理をして、業務を滞りなく進めましょう。

## 目的のファイルをすぐ見つける表示方法

#ファイル管理　#正確性　#スピード　#共有性

手はじめに、該当のフォルダーにたどりついた後の、**目的のファイルをすぐ見つける**テクニックを知りましょう。フォルダー内の**表示方法**を最適なものに切り替えることで、グッと見つけやすくなります。

### ● 拡張子を表示する

ファイルの**拡張子**を見ることで「どのアプリケーションで作成したか」「どんなデータか」がファイルを開かずとも見分けられます。以下の主要な拡張子は知っておきましょう。

| | |
|---|---|
| **Excelのファイル** | .xlsx |
| **Wordのファイル** | .docx |
| **PowerPointのファイル** | .pptx |
| **テキストファイル** | .txt |
| **PDFファイル** | .pdf |
| **実行ファイル** | .exe |
| **画像ファイル** | .jpg、.png、.bmp、.gif、.tif |
| **動画ファイル** | .wmv、.mpg、.mov、.mp4、.avi、ほか |
| **音声ファイル** | .wev、.mp3、.wma |
| **圧縮ファイル** | .zip、.lzh |

拡張子は標準の設定では表示されません。あたらしいパソコンを手に入れたら、次の操作で表示します。

## 拡張子を表示する ➡ Windows

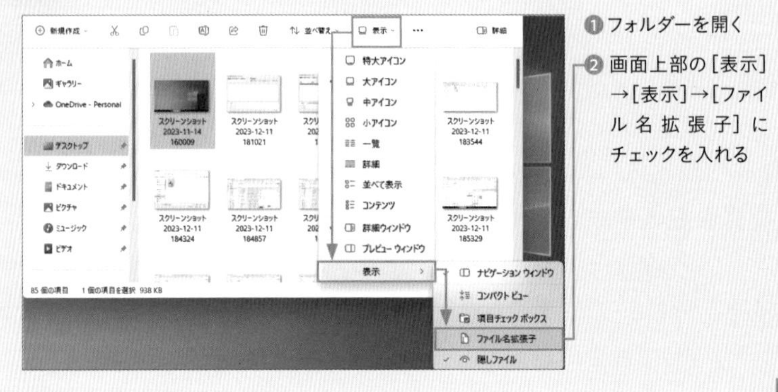

❶フォルダーを開く
❷画面上部の［表示］→［表示］→［ファイル名拡張子］にチェックを入れる


### ● ファイルの表示を切り替える

**ファイルの形式**に応じて、フォルダー内の表示方法を切り替えましょう。

たとえば、探すファイルがWordやExcel、Power Pointなどの資料ファイルであれば、**詳細表示**にしておきます。すると、「更新日時」や「種類」などの項目が表示され、いつ保存したのか、どんなファイル形式なのかがわかります。これならファイル名を忘れてしまっていても、探しやすくなりますね。

画像ファイルの場合は**アイコン表示**にしておくと便利です。画像がサムネイルで表示されるので、ファイル名だけでは判断できない画像も見極めやすくなります。

**ファイルの詳細表示とアイコン表示**

## フォルダー内でファイルの表示を切り替える ➡ Windows

❶ フォルダーを開く

❷ 画面上部のメニューから[表示]をクリック

❸ 一覧から表示方法を選択する

**Memo**
画面右下のアイコンでも切り替えられる

**Point**
詳細表示の項目を増やすときは、項目名を右クリックして表示されるメニューから、追加したい項目にチェックを入れます。

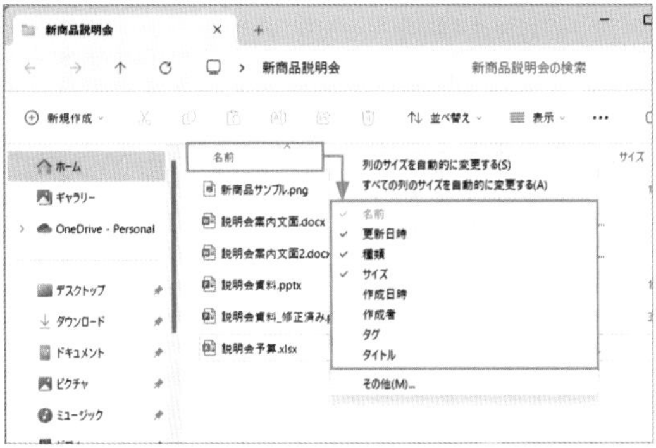

**詳細表示**は「更新日時」以外にも「サイズ（ファイルの容量）」が表示されます。メールで添付するときに重すぎないか、確認しておきましょう。

また、これらの項目は昇順や降順に並び替えができます。詳細表示になっていないと並べ替えはできないので、基本的に**画像以外のファイルは「詳細表示」がおすすめ**です。

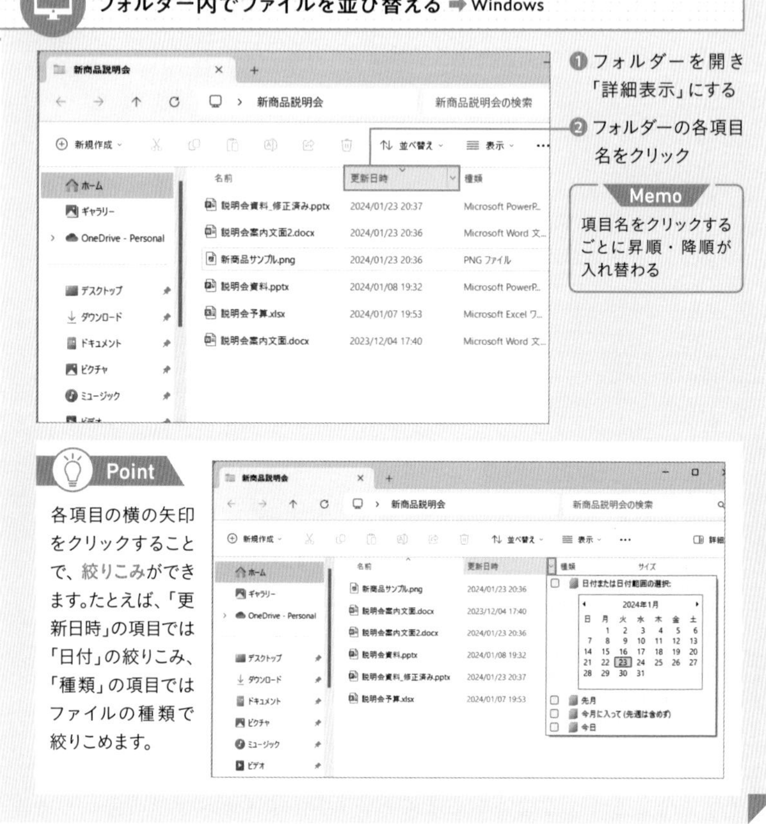

フォルダー内でファイルを並び替える ➡ Windows
❶フォルダーを開き「詳細表示」にする
❷フォルダーの各項目名をクリック
Memo
項目名をクリックするごとに昇順・降順が入れ替わる
Point
各項目の横の矢印をクリックすることで、絞りこみができます。たとえば、「更新日時」の項目では「日付」の絞りこみ、「種類」の項目ではファイルの種類で絞りこめます。
新商品説明会
名前
更新日時
種類
説明会資料_修正済み.pptx
説明会案内文面2.docx
新商品サンプル.png
説明会資料.pptx
説明会予算.xlsx
説明会案内文面.docx


## ファイル探しの時間を極限まで減らす命名のコツ

#ファイル管理　#正確性　#スピード　#共有性

本章の冒頭で「ファイル管理にはルールが必要」だとお伝えしました。特に**ファイルの命名**は管理のしやすさに直結します。それでは、具体的にどのようなファイル名にすればいいでしょうか。管理しやすいファイル名のコツは３つあります。

## ファイルを管理するポイント3つ

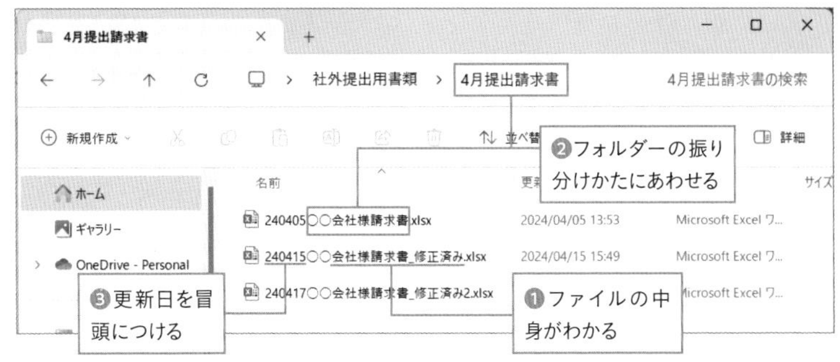


### ❶ファイルの中身がわかる名前にする

ファイル名は**ファイルの内容を表す名前**を付けることが大切です。

たとえば「企画書 1」「企画書 2」……という名前で保存すると、数字で見分けることはできますが、なんの資料かがわかりません。「新商品提案企画書」「新商品提案企画書 _ 修正済み 1」「新商品提案企画書 _ 修正済み 2」……のようにファイルの中身がわかる、類似ファイルと違いがわかる工夫します。

### ❷振り分けたフォルダーにあわせた名前にする

ファイルは**フォルダー**を使って管理します。このフォルダーへの振り分けかたによっても、適切なファイルの名前が変わります。

たとえば、あらゆる企業に向けて発行した 4 月ぶんの請求書ファイルを管理するとしましょう。もし「4 月提出請求書」フォルダーにまとめるなら、ファイル名は**「○○会社様請求書」**がよさそうです。一方、いつも同じ企業向けに毎月発行するなら、「○○企業」フォルダーと、企業ごとに管理するほうが見つけやすいかもしれません。その場合は、同じファイルでも**「4 月請求書」**という名前になるはずです。

このように、ファイルの命名時には、フォルダー管理のしかたも考慮する必要があります。

### ❸時系列で表示したければ日付を冒頭に付ける

前項で「詳細表示にすると、ファイルの情報で並び替えられる」とご紹介しましたが、フォルダーを開くと、ふつう**ファイル名**で並び替えられます。このとき、はじめから更新順（時系列）で並べられていたほうが見つけやすいこともありますよね。そんなときは、**ファイル名の最初に日付を付ける**とよいでしょう。

日付の付けかたもルールを作って統一する必要があります。たとえば2024年1月1日に作成したファイルなら「20240101○○○」と付けて、すべてのファイルで統一しましょう。

## ファイル名変更の手間を最小限に!

#ファイル管理　#正確性　#スピード　#共有性

P.099で紹介したキャプチャ画像や、イベントで撮影したスマホやデジカメの画像をパソコンに取りこむと、ファイル名に勝手な数字が付いてしまいます。**ファイル名を変更**するには選択後、F2キーを押せばファイル名を手入力できます。

**ファイル名変更のショートカットキー**

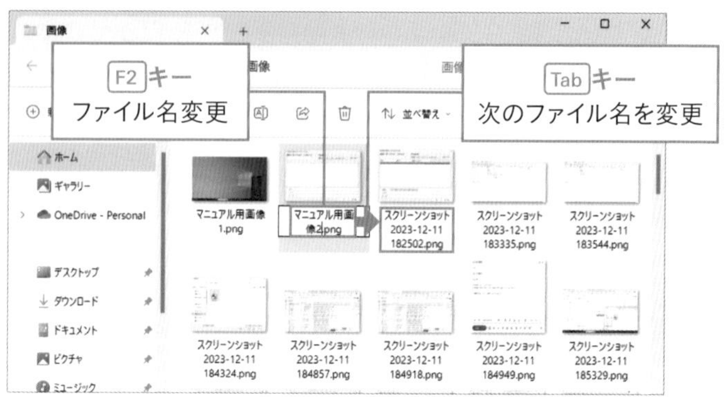

ショートカットキーを使うことでだいぶラクになりますね。しかし、ファイル名１つひとつを手入力で変更するのは、たいへんな手間です。そこで、変更後の名前を、

- ○○（1）
- ○○（2）
- ○○（3）…

……など、**「（任意のファイル名）＋連番」**にしたい場合は、下記の操作ですべての画像をまとめて変更できます。

## 複数のファイル名を一括で変更する ➡ Windows

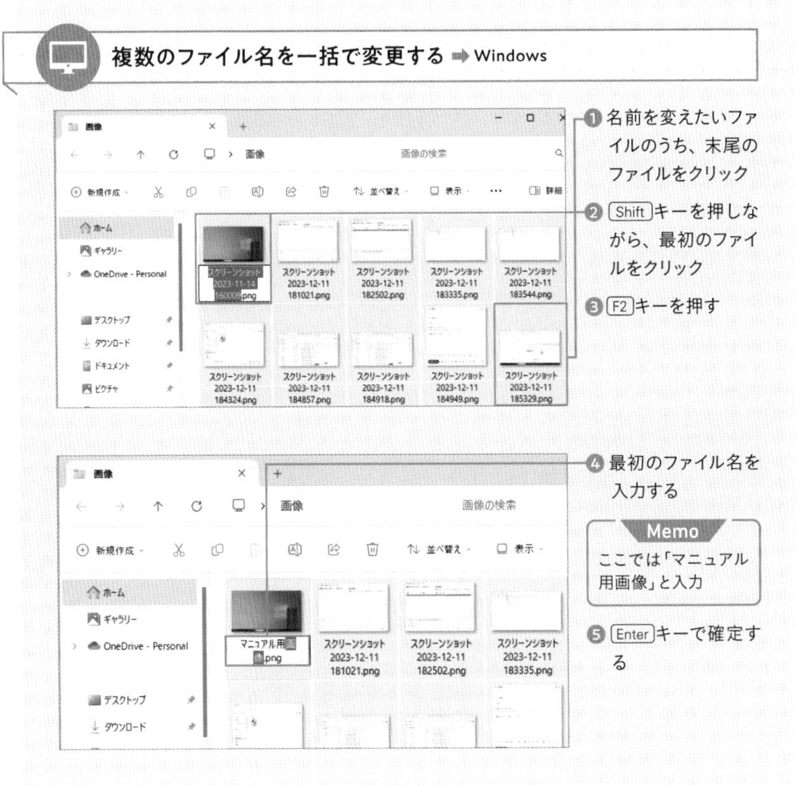

❶名前を変えたいファイルのうち、末尾のファイルをクリック
❷ Shift キーを押しながら、最初のファイルをクリック
❸ F2 キーを押す
❹最初のファイル名を入力する
Memo
ここでは「マニュアル用画像」と入力
❺ Enter キーで確定する

❻選択したファイルの名前が「(入力したファイル名) ＋連番」になる

## 「プロパティ情報」で検索の効率性を高める

#ファイル管理　#正確性　#スピード　#共有性

意外と見落としがちなのが、ファイルに埋めこまれる**個人情報**です。気にしていない方も多いのではないでしょうか？

Word や Excel、PowerPoint のファイルは**プロパティ情報**に、いつだれが作成したのか、編集時間はどのくらいか、などの情報が埋めこまれます。セキュリティ面でも注意しなければならない箇所ですが、このプロパティ情報の**タグ**に情報を入力すると、ファイルの**検索キーワード**に使用されます。

たとえば、社内で提出しなければならない Word 資料のタグに、あらかじめ「提出用」と登録しておきます。そのうえで、フォルダーの検索欄に「提出用」と入力して検索すると、ちゃんと検索結果に表示されます。

この Word 資料のファイル名や本文内には「提出用」という文字がいっさい含まれなくても、見つけることができるのです。

## ファイルに埋めこまれたタグで検索できる

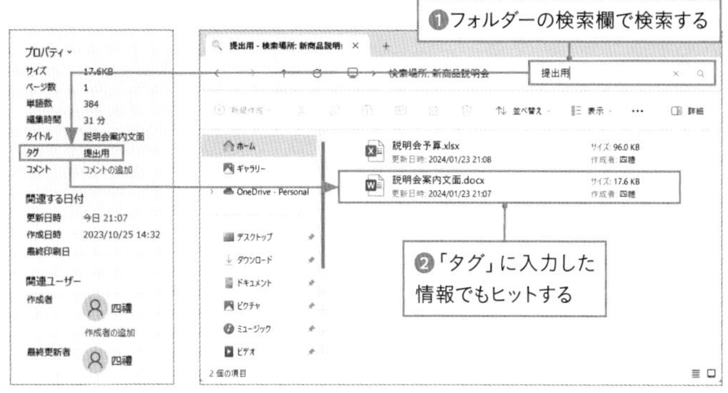

❶フォルダーの検索欄で検索する
❷「タグ」に入力した情報でもヒットする

このように、ファイルの検索で使用できますので、タグは入力しておくようにしましょう。タグも含めたプロパティ情報は以下のように編集できます。

### プロパティ情報のタグを編集する ➡ Word ／ Excel ／ PowerPoint

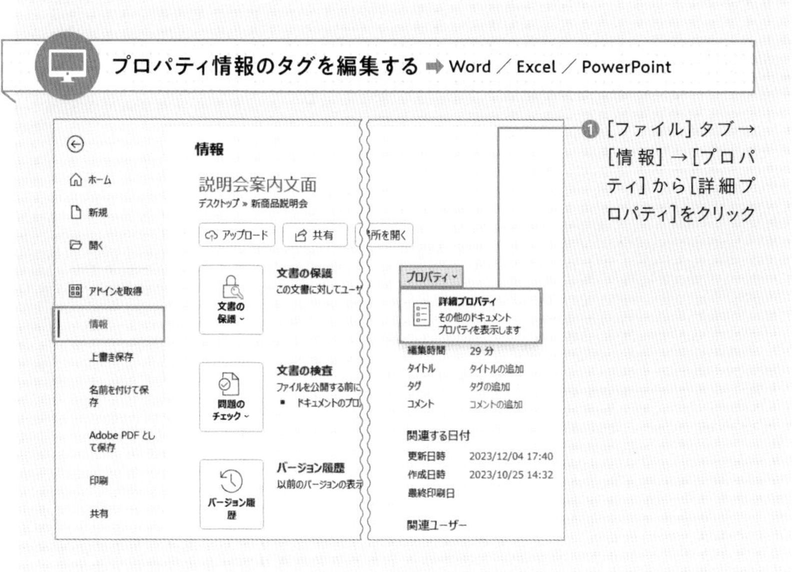

❶［ファイル］タブ→［情報］→［プロパティ］から［詳細プロパティ］をクリック

CHAPTER 04 最高効率で業務をこなす！「ファイル管理」のスキル

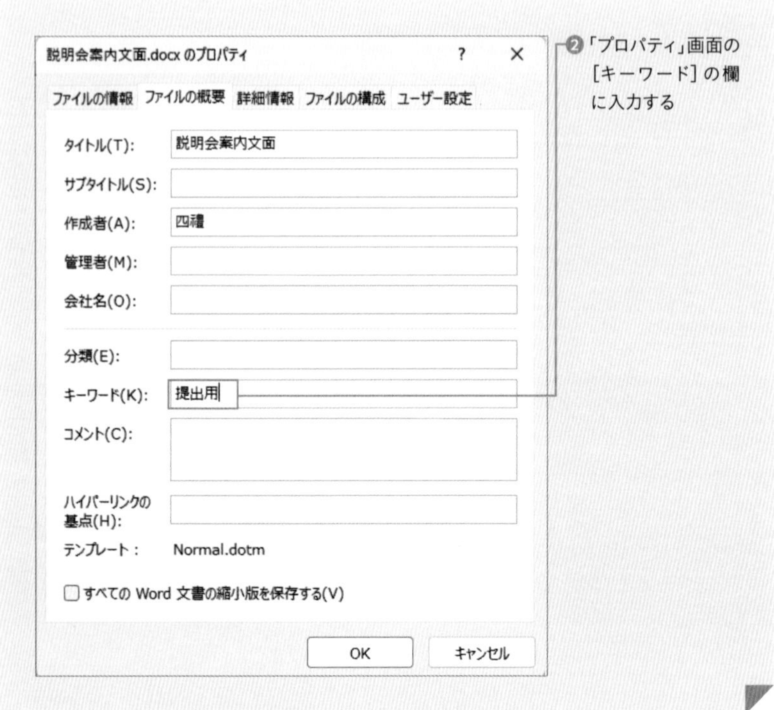
説明会案内文面.docx のプロパティ
?
ファイルの情報
ファイルの概要
詳細情報
ファイルの構成
ユーザー設定
タイトル(T):
説明会案内文面
サブタイトル(S):
作成者(A):
四禮
管理者(M):
会社名(O):
分類(E):
キーワード(K):
提出用
コメント(C):
ハイパーリンクの基点(H):
テンプレート：
Normal.dotm
すべての Word 文書の縮小版を保存する(V)
OK
キャンセル
❷「プロパティ」画面の[キーワード]の欄に入力する

COLUMN

## たった1つの操作でコピー&移動をする!

「ファイルのコピーをとって別のフォルダーに移動させたい」

そんなとき、ふつうはファイル選択後、以下の操作をするでしょう。

❶コピーする（Ctrl+Cキー）
❷別フォルダーに貼り付ける（Ctrl+Vキー）

2回もの操作をおこなっていますが、じつはCtrlキーを押しながらドラッグですみます。ファイルのアイコンをドラッグすれば単純な移動ですが、Ctrlキーを押しながらドラッグすることでコピーしながらの移動になります。

**▼ドラッグ操作を活用する**

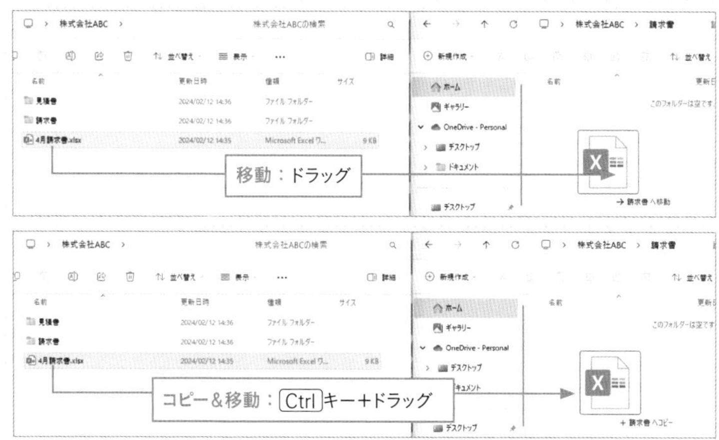


この操作はWindowsに限らず、WordやExcel、PowerPointのソフトでも、選択した図形やテキストをドラッグすれば移動、Ctrlキーを押しながらドラッグすればコピー＆移動ができます。ぜひ覚えて積極的に活用しましょう。

CHAPTER 04-02

# 「アイコン管理」の乱れは仕事の乱れ

## デスクトップに作ったアイコンを断捨離しよう

#アイコン管理　#正確性　#スピード

デスクトップにデータを保存して、デスクトップがアイコンだらけの方がいます。これは机上に資料が山積みになっているのと同じ。大事な資料がほかの資料と紛れてしまったり、まちがえて捨ててしまったりしてはたいへんです。

デスクトップをアイコンだらけにしないためには、まず**タスクバー**の活用を考えましょう。

**「Word や Excel はよく使うから、すぐ起動できるデスクトップにアイコンを置いておこう！」**

という方は多くいらっしゃいますが、アイコンをデスクトップに置いておくのは、ホントに使いやすいでしょうか？作業しているとデスクトップが見えないので、いちいち作業中のウィンドウを最小化したり、移動したりしてからソフトを起動する……など、実際はわずらわしくないでしょうか。

そこで、エクスプローラー、Word・Excel・PowerPoint ほか、よく使用するソフトはデスクトップではなく**タスクバーに登録**するのをおすすめします。作業中のウィンドウがジャマになることなく、いつでも起動できます。

### 起動がかんたんなタスクバー

では、タスクバーにソフトのアイコンを登録するにはどうしたらいいのか、Excel の登録を例にとってご紹介します。

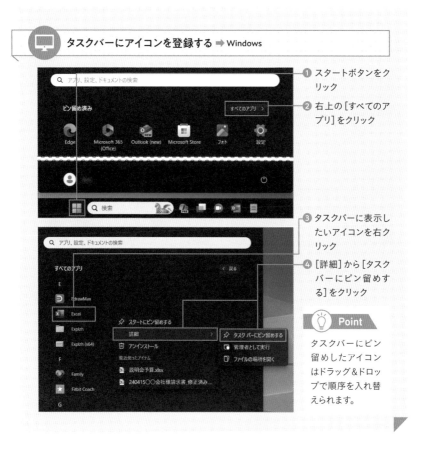

### タスクバーにアイコンを登録する ➡ Windows

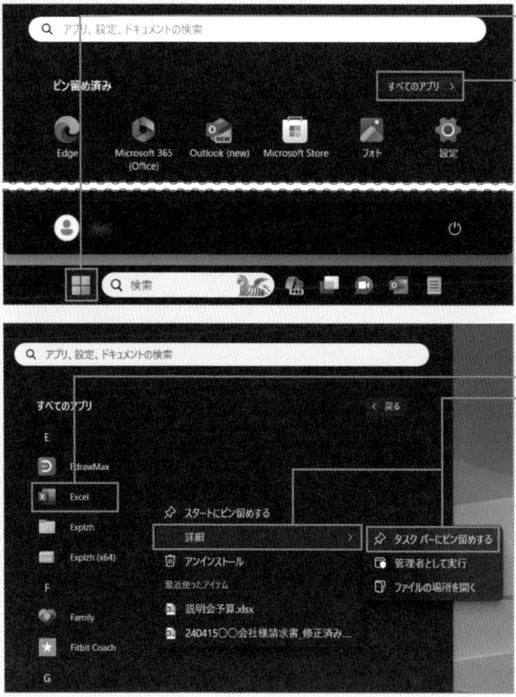

❶ スタートボタンをクリック

❷ 右上の［すべてのアプリ］をクリック

❸ タスクバーに表示したいアイコンを右クリック

❹ ［詳細］から［タスクバーにピン留めする］をクリック

**Point**

タスクバーにピン留めしたアイコンはドラッグ&ドロップで順序を入れ替えられます。

## 「タスクバー」をさらに使いこなすテクニック3選

#アイコン管理　#正確性　#スピード

さきほどご紹介したデスクトップの最下段の**タスクバー**。アイコンの登録方法は前項でご説明しましたが、さらに３つのテクニックを覚えることで、より仕事に活用できます。

### ●使用しないアイコンを非表示にする

タスクバーにはあらかじめいくつかのアイコンが表示されています。

**タスクバーに表示されるアイコン**

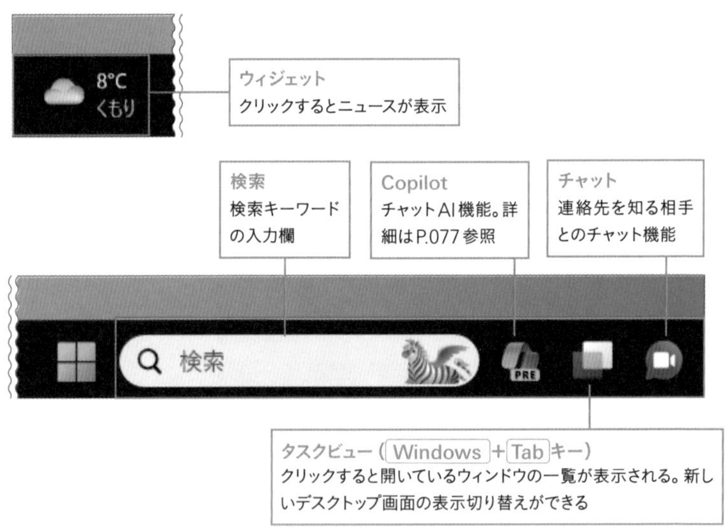
8°C
くもり
ウィジェット
クリックするとニュースが表示
検索
検索キーワードの入力欄
Copilot
チャットAI機能。詳細はP.077参照
チャット
連絡先を知る相手とのチャット機能
検索
PRE
タスクビュー（Windows＋Tabキー）
クリックすると開いているウィンドウの一覧が表示される。新しいデスクトップ画面の表示切り替えができる

使用しないボタンは非表示にしましょう。たとえば、上図でいうと「ウィジェット」や「Copilot」「チャット」は業務に不要かもしれません。「検索」も、もう少し領域を小さくしてもいいかもしれませんね。タスクバーを編集するには次のように操作をします。

## タスクバーを編集する ➡ Windows

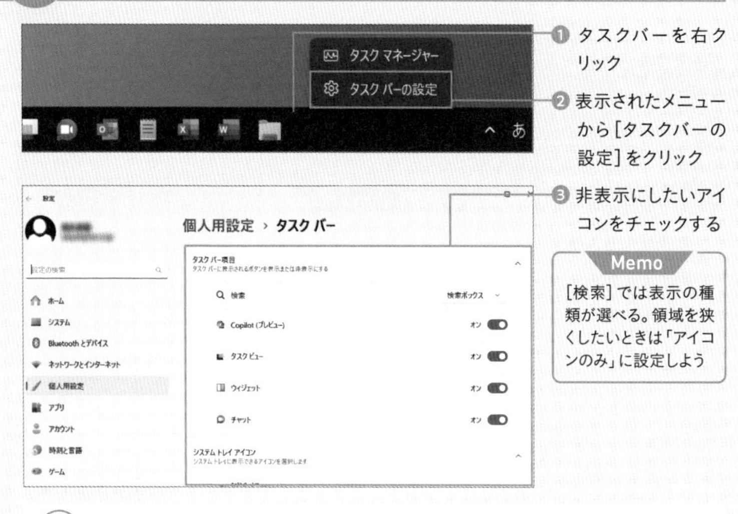


❶ タスクバーを右クリック

❷ 表示されたメニューから［タスクバーの設定］をクリック

❸ 非表示にしたいアイコンをチェックする

**Memo**

［検索］では表示の種類が選べる。領域を狭くしたいときは「アイコンのみ」に設定しよう

**Point**

手順❷で表示した「個人用設定＞タスクバー」画面を下にスクロールすると、［タスクバーの動作］の項目があります。クリックするとタスクバーに関する設定ができます。代表的な設定をいくつか見てみましょう。

| | |
|---|---|
| **タスクバーの配置** | アイコンを左寄せ・中央寄せに切り替えます |
| **タスクバーを自動的に隠す** | ウィンドウがデスクトップいっぱいに表示され作業中はタスクバーが非表示になります。使用したい時にマウスをデスクトップ下に移動するとタスクバーが表示されます |
| **タスクバーアプリでバッジを表示する** | 起動中のソフトに新規通知が来るとバッチが表示されます。たとえば、Outlookの場合、新着メールが来るとアイコンに封筒のマークが表示されます（P.057参照） |



## ● ショートカットキーでアプリを起動する

タスクバーからアプリを起動するときは、マウスでクリックするほかに、Windows **＋数字キー**（左から何個目のアイコンか）を押すことで、すばやく起動できます。このとき、個人用設定で非表示にできるアイコン（下図ではCopilotやタスクバーなど）は数えません。

**タスクバーで使える起動のショートカットキー**

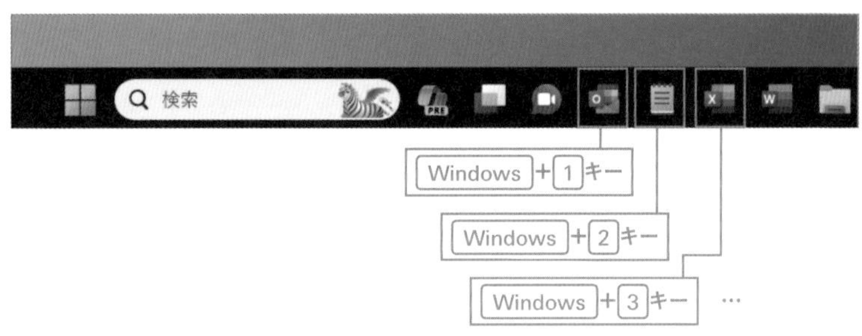


### ● すばやく新規ウィンドウを開く

「Excelで資料を作っているけれど、新規のExcelファイルを作成したい！」そんなときは、タスクバーのアイコンを Shift **キーを押しながらクリック**することで新規ウィンドウを開けます。これはExcel以外のアプリはもちろん、「エクスプローラー」のウィンドウでも同じです。

## 右下の「システムトレイアイコン」は乱雑になっていない？

#アイコン管理　#正確性　#スピード

タスクバーの一番右に並んでいるアイコン群は**システムトレイアイコン**です。ウィンドウには表示されませんが、**その裏で働いているソフト**のアイコンと考えましょう。さらに、アイコン群左の［△］ボタンをクリックすると、ウィルスチェックソフトやBluetoothデバイスなど、今働いているソフトがわかります。

## 動作中のソフトがわかる「システムトレイアイコン」

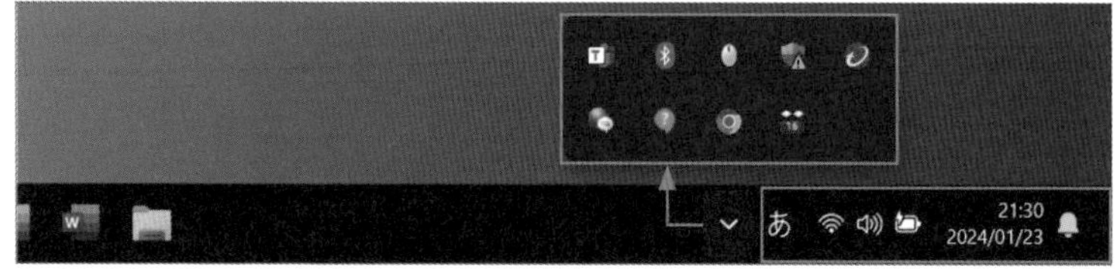


常に見るスペースではありませんが、たとえば以下のケースで確認することがあると思います。

- USBのアイコン：USBをPCに刺すと表示される。USBを安全に取り出すときにクリック
- プリンターのアイコン：印刷中に表示される。印刷状況を確認したいときにクリック

目的のアイコンをすぐにクリックするために「ソフトキーボード」など明らかにふだん使用しないアプリはOFFにして、アイコンの数が多すぎないようにしましょう。

### システムトレイアイコンを編集する ➡ Windows

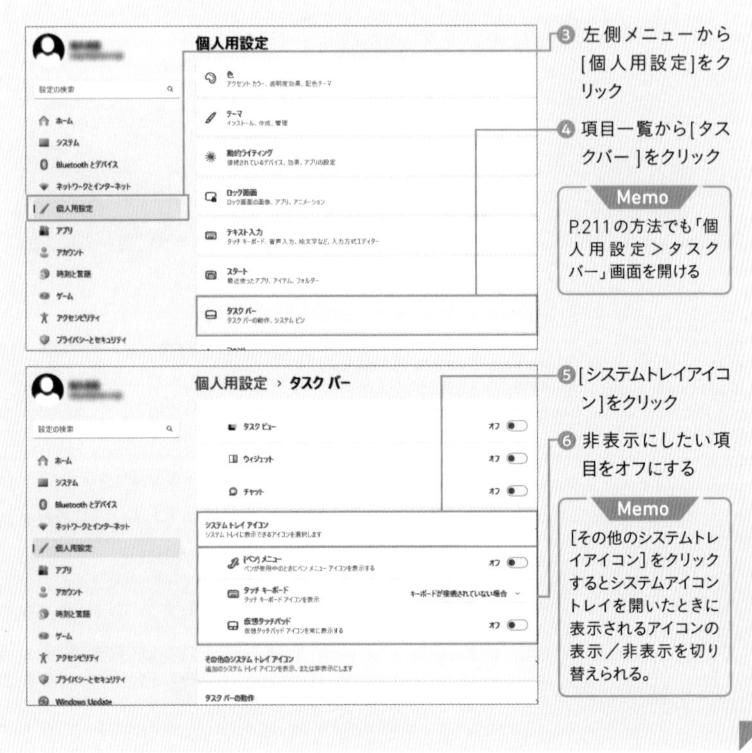

個人用設定
❸左側メニューから[個人用設定]をクリック
❹項目一覧から[タスクバー]をクリック
Memo
P.211の方法でも「個人用設定＞タスクバー」画面を開ける
個人用設定 › タスク バー
❺[システムトレイアイコン]をクリック
❻非表示にしたい項目をオフにする
Memo
[その他のシステムトレイアイコン]をクリックするとシステムアイコントレイを開いたときに表示されるアイコンの表示／非表示を切り替えられる。


## デスクトップをキレイに保つ２つの習慣

#アイコン管理　#正確性　#スピード

デスクトップのアプリアイコン以外にも、**ファイルやフォルダー**に着目しましょう。デスクトップがファイルやフォルダーで一面覆いつくされている……なんてことになっていませんか？　たくさんのファイルやフォルダーをデスクトップに置いておくと、目的のファイルを探しにくいだけでなく、パソコンの起動が遅くなります。

次の２つの習慣を身に付けて、仕事の最初に目にするデスクトップをすっきりと使いやすくしましょう。

## ●デスクトップにファイルを保存しない

ファイルは直接デスクトップに保存するのではなく、Windowsに備わっている**ドキュメント**などのフォルダーに保存します。また、メールの添付ファイルや作成中の資料など「とりあえず一時的にデスクトップに保存」したファイルは、不要なものはすぐ削除、保存するものは必ずそれぞれのフォルダーに移動しましょう。

どうしてもデスクトップに置いておきたいものは、次に紹介する「ショートカットアイコン」で代替しますので、ひとまず「ドキュメント」などに移動させます。

## ●ショートカットアイコンを作成する

**ショートカットアイコン**とは任意のフォルダーやファイルを開くためのボタンです。データはデスクトップにはなく、それぞれの保存された場所（ドキュメントやそのほかのフォルダー）に存在しています。

**任意のフォルダーをすぐ開ける「ショートカットアイコン」**

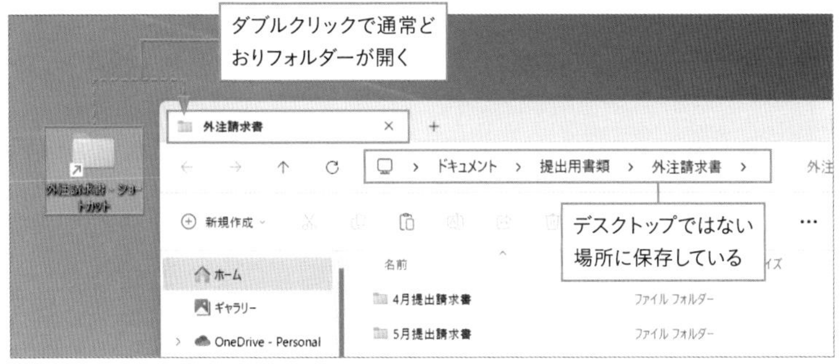


よって、ショートカットアイコンを削除したからといって**フォルダー（ファイル）そのものが削除されることはありません**。通常、デスクトップに保存したフォルダーのアイコンを削除すると、データそのものが削除されます。ですが、ショートカットアイコンならそんな心配もありません。

作成したショートカットアイコンは、頻繁に使用するものは常駐し、終わってしまったプロジェクトやめったにアクセスしないショートカットアイコンは削除します。

このように、日ごろからデスクトップを煩雑にせず整理する癖を身につけておきましょう。ショートカットアイコンの作成方法は以下のとおりです。

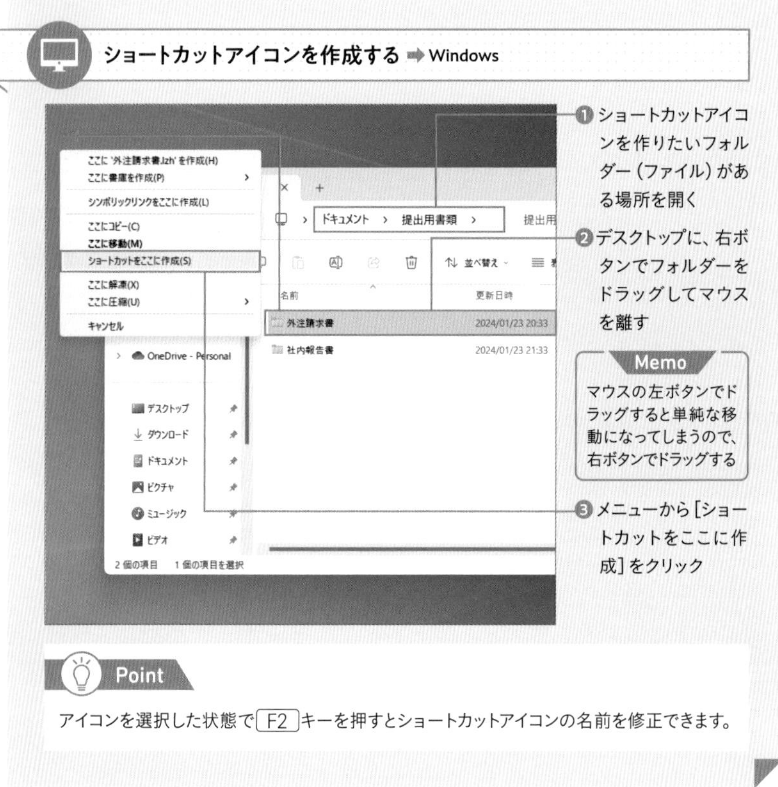
ショートカットアイコンを作成する ➡ Windows
ここに '外注請求書.lzh' を作成(H)
ここに書庫を作成(P)
シンボリックリンクをここに作成(L)
ここにコピー(C)
ここに移動(M)
ショートカットをここに作成(S)
ここに解凍(X)
ここに圧縮(U)
キャンセル
ドキュメント › 提出用書類 ›
並べ替え
名前
更新日時
外注請求書 2024/01/23 20:33
社内報告書 2024/01/23 21:33
OneDrive - Personal
デスクトップ
ダウンロード
ドキュメント
ピクチャ
ミュージック
ビデオ
2 個の項目 1 個の項目を選択
❶ショートカットアイコンを作りたいフォルダー（ファイル）がある場所を開く
❷デスクトップに、右ボタンでフォルダーをドラッグしてマウスを離す
Memo
マウスの左ボタンでドラッグすると単純な移動になってしまうので、右ボタンでドラッグする
❸メニューから［ショートカットをここに作成］をクリック
Point
アイコンを選択した状態で F2 キーを押すとショートカットアイコンの名前を修正できます。

## 使用頻度が高くないフォルダーは「タイル」を活用しよう

#アイコン管理　#正確性　#スピード

ショートカットアイコンの配置はデスクトップやタスクバーだけではありません。**タイル**にも配置できます。アプリケーションソフトのショートカットが並びがちなスペースですが、ここに登録するのもおすすめです。

### タイル画面にフォルダーを登録する

ただし、タイルはスタートボタン（Windowsキー）をクリックして開くので、ワンクリックの手間があります。デスクトップに置くほうがお手軽なのはまちがいないですが、

「月１でしかアクセスしないけど毎月必ず開く」
「デスクトップにたくさんのショートカットアイコンを置きたくない」

といったフォルダーは、ここに登録しましょう。タスクバーのエクスプローラーから階層をたどってフォルダーを開くより断然ラクになります。

**タイル画面にフォルダーを登録する ➡ Windows**

❶ 登録したいフォルダーを右クリック

❷ ショートカットメニューから[スタートにピン留めする]をクリック

**Point**

登録したはずなのにアイコンが見当たらない場合は、パネルの[ピン留め済み]を下にスクロールしましょう。ドラッグ&ドロップで順序を入れ替えられます。もし先頭に置きたいのであれば、アイコンを右クリックして表示されるメニューから[先頭に移動]をクリックします。

## デスクトップに残す「既定のアイコン」を厳選する

#アイコン管理　#正確性　#スピード

前項までの作業をこなした結果、デスクトップに残っているのは、

- 自分で作成したショートカットアイコン
- デスクトップに置いたほうが操作しやすいアイコン（圧縮ソフトなど）
- すでに**システムで決められた**アイコン

の３つではないでしょうか。３つめの「システムで決められたアイコン」は、おもに次の５種類があります。

| ごみ箱 | ごみ箱 | 削除したファイル・フォルダーが表示されます |
|---|---|---|
| コンピューター | PC | PCのドライブ（記憶装置）の一覧が開きます |
| ユーザーのファイル | gihyo | ユーザーのデフォルトのフォルダーアイコンが表示されます |
| ネットワーク | ネットワーク | PCに接続されているメディア機器やルーターアイコンが表示されます |
| コントロールパネル | コントロール パネル | PCの設定を調整する画面が表示されます |

これらも自分の環境にあわせて、**不必要なアイコンは非表示**にしておきましょう。

一般的に、「コンピューター」「ユーザーのファイル」「ネットワーク」はタスクバーにあるエクスプローラーで表示できます。わざわざデスクトップに置く必要はないでしょう。

一方、**ごみ箱**は削除したファイルの確認に必要です。また、パソコンの設定変更や調整に使用する**コントロールパネル**は表示しておいたほうが便利です。Windowsの更新状況や電源管理、プリンターの設定、デスクトップのカスタマイズなど、さまざまな設定変更ができます。

## デスクトップアイコンの表示・非表示を切り替える ➡Windows

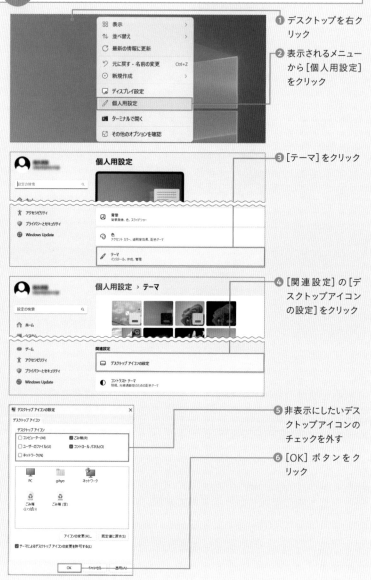

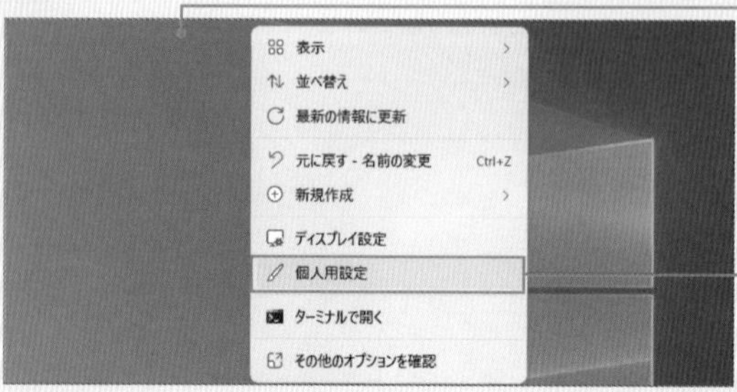

❶デスクトップを右クリック

❷表示されるメニューから［個人用設定］をクリック

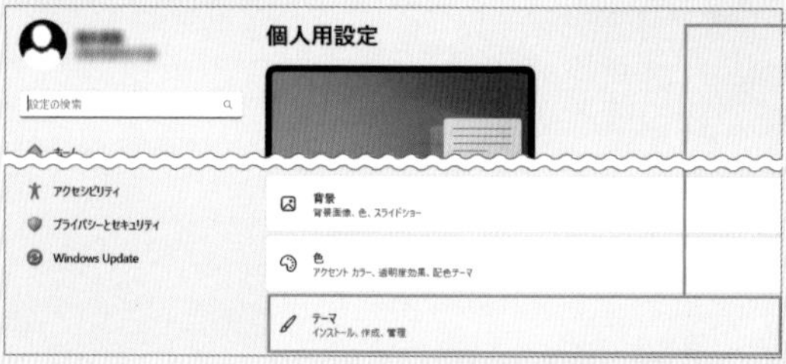

❸［テーマ］をクリック

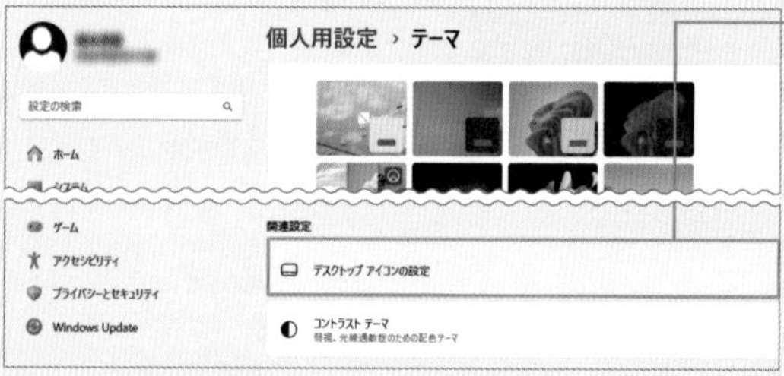

❹［関連設定］の［デスクトップアイコンの設定］をクリック

❺非表示にしたいデスクトップアイコンのチェックを外す

❻［OK］ボタンをクリック

## デスクトップのアイコンは使いやすい場所に置こう

#アイコン管理　#正確性　#スピード

デスクトップに置くアイコンが決まったら、アイコンを使いやすい**配置**にしましょう。

Windowsには「アイコンの自動整列」機能が備わっています。等間隔できれいに並びますが、常に表示しておくデスクトップアイコンやソフトのアイコンと、毎日使いたいフォルダーやファイルのショートカットアイコンが混在してしまいます。使いたいアイコンがどこにあるのか探さなければなりません。

そこで**自動整列**は解除し、以下のように**デスクトップ領域を分けて配置**すると、わかりやすくなります。



### 使いやすいデスクトップのアイコン配置

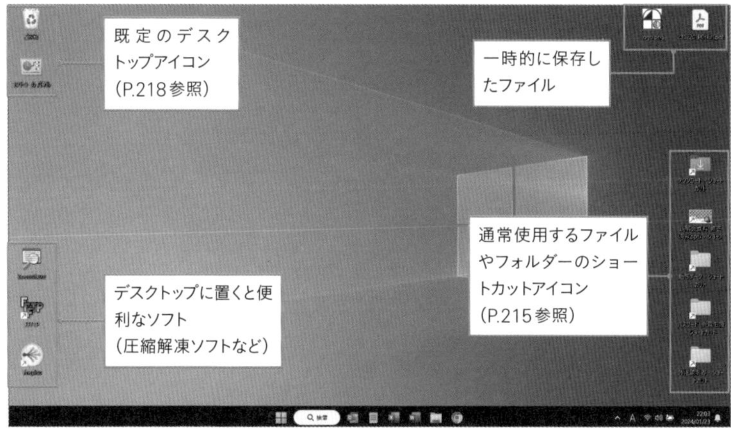

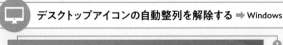

## デスクトップアイコンの自動整列を解除する ➡ Windows

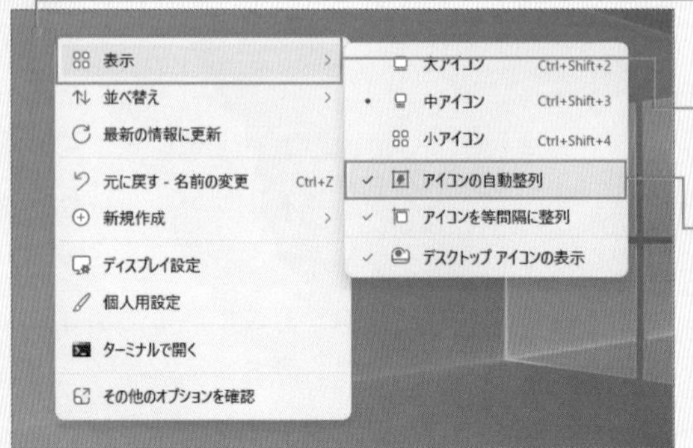


❶デスクトップの余白を右クリック

❷ショートカットメニューから[表示]をクリック

❸[アイコンの自動整列]のチェックを外す

**Point**

メニューの中の[デスクトップアイコンの表示]をOFFにすると、一時的にすべてのアイコンが非表示になります。急な用事で席を立つとき、デスクトップのアイコンを見られたくないときに活用しましょう。

## 強制表示される「スタートアップアプリ」は無効に

#アイコン管理　#正確性　#スピード

デスクトップに多くのアイコンを並べると、起動の時間がかかってしまうことは説明しました。ほかにも起動の時間がかかる要因があります。それは、**スタートアップアプリ（常駐ソフト）**。

パソコンの電源を入れると、Windowsが起動の準備をします。その後、「さあ、どうぞ」とパスワード入力やデスクトップの画面が表示されるのですが、それまで時間に、デスクトップのファイルの準備やウィルスチェックソフト、そのほかの常駐ソフトの準備をします。その準備するものが多いほど、**起動に時間がかかる**わけです。

常駐させておく必要がないソフトは無効にしておきましょう。

## スタートアップアプリを解除する ➡ Windows

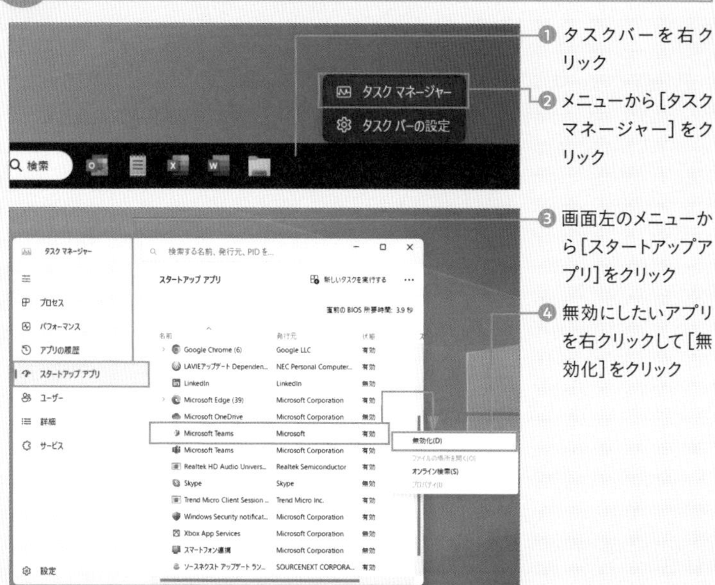


❶ タスクバーを右クリック

❷ メニューから［タスクマネージャー］をクリック

❸ 画面左のメニューから［スタートアップアプリ］をクリック

❹ 無効にしたいアプリを右クリックして［無効化］をクリック

COLUMN

## 中級テクニック！　GodModeアイコンを作る

P.218では、デスクトップに常に表示するアイコンの1つに、コントロールパネルをおすすめしました。パソコンの設定を調整するアイコンでしたね。コントロールパネルは、一般的な設定変更がわかりやすく分類表示されています。

基本的な設定では問題なく使えますが、さらに細かな設定をする場合は、かえってこの分類が原因で「どこになにの設定画面があるのか」が探しにくくなります。

そこで、GodModeと呼ばれる画面を使用すると便利です。さまざまなコンピューターの設定項目が一覧で表示され、設定画面が探しやすくなります。コントロールパネルの代わりに表示するといいでしょう。

### ▼GodModeアイコンとGodMode画面

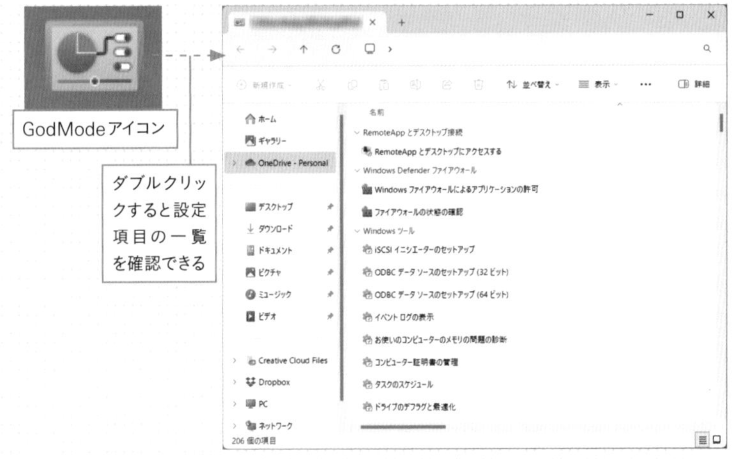


GodModeアイコンを表示するには、あたらしくフォルダを作成し、フォルダ名に文字列（識別子）を入力する必要があります。

## デスクトップにGodModeのアイコンを表示する ➡Windows

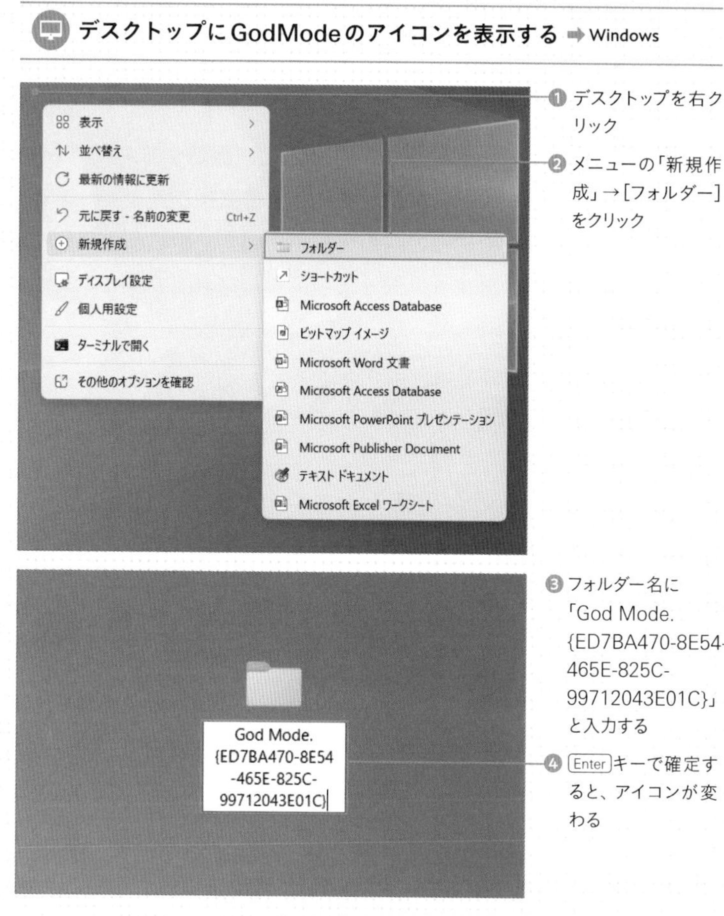


❶ デスクトップを右クリック

❷ メニューの「新規作成」→[フォルダー]をクリック

❸ フォルダー名に「God Mode.{ED7BA470-8E54-465E-825C-99712043E01C}」と入力する

❹ Enterキーで確定すると、アイコンが変わる

# 突然フリーズした！<br>覚えておきたい対処方法

パソコンの中には、考えるチカラになるCPU、記憶するHDD（あるいはSSD）、表現するメモリ……など、多種多様な機械が入っています。メモリのチカラを超えてたくさんの画面を同時に開きすぎると、**フリーズ**になることがあります（メモリ不足以外にもいろんな原因でフリーズになりえます）。フリーズは以下のように、さまざまな症状を引き起こします。

- 突然画面が動かなくなる
- マウスが使えなくなる

急にパソコンが動かなくなるので慌ててしまいますが、そんなときはまず**タスクマネージャー**の画面を表示させましょう（Ctrl＋Alt＋Deleteキー）。そこから、フリーズの原因となっているアプリケーションを終了させます。不具合が起きているアプリを閉じれば、フリーズを解消できます。

## タスクマネージャーからアプリを強制終了する ➡ Windows

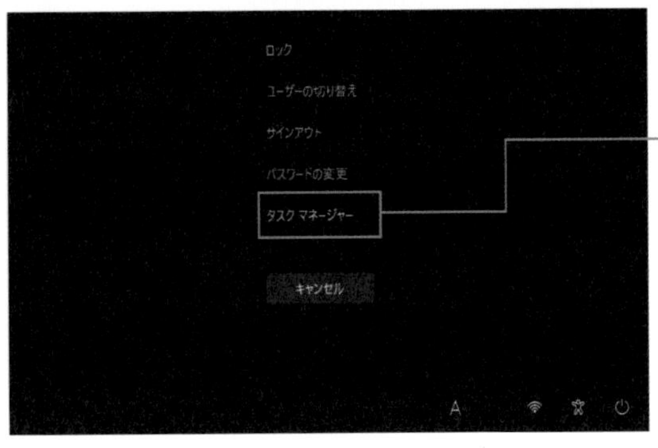


❶ Ctrl＋Altキーを押したまま、Deleteキーを押す

❷ Tabキーで［タスクマネージャー］を選択する

❸ Enterキーを押す

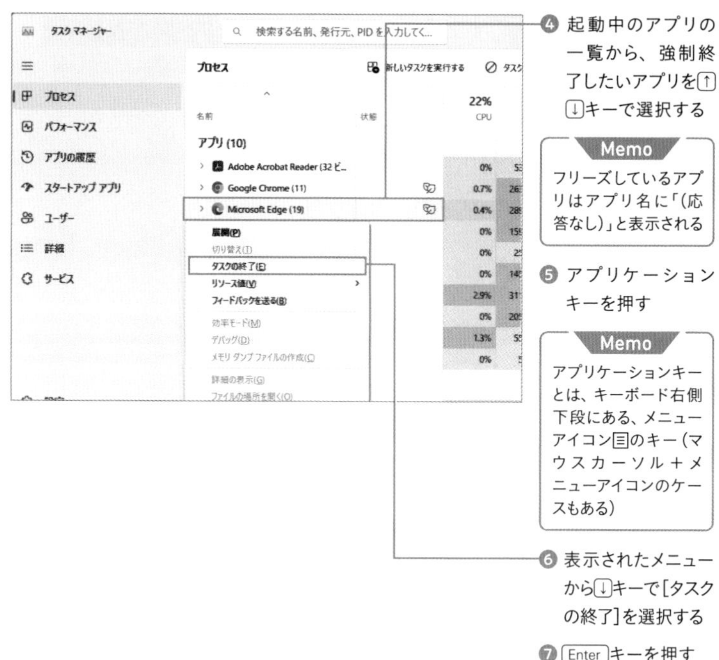


❹ 起動中のアプリの一覧から、強制終了したいアプリを↑↓キーで選択する

**Memo**
フリーズしているアプリはアプリ名に「(応答なし)」と表示される

❺ アプリケーションキーを押す

**Memo**
アプリケーションキーとは、キーボード右側下段にある、メニューアイコン☰のキー(マウスカーソル＋メニューアイコンのケースもある)

❻ 表示されたメニューから↓キーで[タスクの終了]を選択する

❼ Enter キーを押す

## Point

マウスが動けば、手順❹でアプリを選択後、右上の[タスクを終了する]をクリックします。

プロセス　新しいタスクを実行する　タスクを終了する　効率モード

| 名前 | 状態 | 22% CPU | 79% メモリ | 1% ディスク | 0% ネットワーク |
|---|---|---|---|---|---|
| アプリ (10) | | | | | |
| Adobe Acrobat Reader (32 ビ... | | 0% | 53.2 MB | 0 MB/秒 | 0 Mbps |
| Google Chrome (11) | | 0.7% | 263.4 MB | 0 MB/秒 | 0 Mbps |
| Microsoft Edge (19) | | 0.4% | 289.9 MB | 0 MB/秒 | 0 Mbps |
| 展開(P) | | 0% | 159.2 MB | 0 MB/秒 | 0 Mbps |

タスクの終了をおこなってもパソコンのフリーズが解消されない場合は、**パソコンを再起動**します。再起動でWindowsを開きなおすことで、フリーズが解消されるケースはよくあります。おこりがちな小さなトラブルにも慌てず対処できるようにしておきましょう。

## パソコンを再起動する ➡ Windows

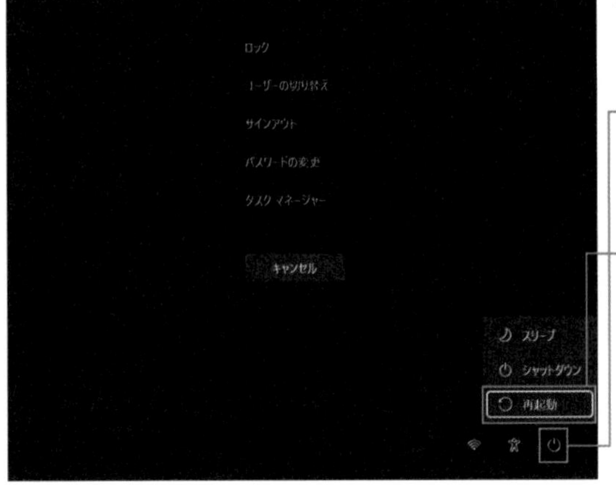


❶ Ctrl+Altキーを押したまま、Deleteキーを押す

❷ メニューからTabキーで電源アイコンを選択し、Enterキーを押す

❸ ↑↓キーで[再起動]を選択する

❹ Enterキーを押す

# サクサク操作する！ ショートカットキー一覧

## Outlook

| | |
|---|---|
| メールの新規作成 | Ctrl+Nキー |
| 複数メールの選択 | Shift+↓キー |
| メールを「削除済みアイテムフォルダー」に移動 | メールを選択しDeleteキー |
| メールの一発抹消 | Shift+Deleteキー |
| フォルダーへ移動 | Ctrl+Yキー |
| 検索 | Ctrl+EキーまたはF3キー |
| 転送 | Ctrl+Fキー |
| 返信 | Ctrl+Rキー |
| 全員に返信 | Ctrl+Shift+Rキー |

## Gmail（ショートカットキー利用の設定はP.033を参照）

| | |
|---|---|
| メールの新規作成 | Cキー |
| 複数メールの選択 | Xキー（↑↓キーで移動） |
| スターを付ける | Sキー |
| 削除 | #キー |

## Edge

| | |
|---|---|
| 下にスクロール | スペースキー |
| ページトップへ戻る | Ctrl+Homeキー |

| | |
|---|---|
| タブの切り替え | Ctrl+Tabキー |
| 閲覧ページを戻る／進む | Alt+←／→キー |
| 閲覧中のタブを閉じる | Ctrl+Wキー |
| 新しいタブの表示 | Ctrl+Tキー |
| 画面の縮小／拡大 | Ctrl+＋／－キー |
| ページ内検索 | Ctrl+Fキー |
| 直前に閉じたページを再表示 | Ctrl+Shift+Tキー |
| 閲覧履歴の表示 | Ctrl+Hキー |
| お気に入りバーの表示切替 | Ctrl+Shift+Bキー |
| お気に入りの登録 | Ctrl+Dキー |
| お気に入りメニューを開く | Ctrl+Shift+Oキー |
| Webキャプチャを起動 | Ctrl+Shift+Sキー |

● Chrome

| | |
|---|---|
| 下にスクロール | スペースキー |
| ページトップへ戻る | Ctrl+Homeキー |
| タブの切り替え | Ctrl+Tabキー |
| 閲覧ページを戻る／進む | Alt+←／→キー |
| 閲覧中のタブを閉じる | Ctrl+Wキー |
| 新しいタブの表示 | Ctrl+Tキー |
| 画面の縮小／拡大 | Ctrl+＋／－キー |
| ページ内検索 | Ctrl+Fキー |

| | |
|---|---|
| **直前に閉じたページを再表示** | Ctrl+Shift+Tキー |
| **閲覧履歴の表示** | Ctrl+Hキー |
| **ブックマークバーの表示切替** | Ctrl+Shift+Bキー |
| **ブックマークの登録** | Ctrl+Dキー |
| **ブックマーク画面を開く** | Ctrl+Shift+Oキー |

## ● Word

| | |
|---|---|
| **コピー** | Ctrl+Cキー |
| **切り取り** | Ctrl+Xキー |
| **貼り付け** | Ctrl+Vキー |
| **操作を元に戻す** | Ctrl+Zキー |
| **やり直し** | Ctrl+Yキー |
| **名前を付けて保存** | F12キー |
| **上書き保存** | Ctrl+Sキー |
| **ソフトの終了** | Alt+F4キー |
| **タブのショートカットキー表示** | Altキー |
| **図のコピー** | 図を選択してCtrlキー+ドラッグ |
| **図の水平垂直コピー** | 図を選択してCtrl+Shiftキー+ドラッグ |
| **複数図形の選択** | 図を選択してShiftキーを押しながら2つめ以降の図をクリック |
| **文書全体選択** | Ctrl+Aキー |
| **段落内改行** | Shift+Enterキー |

| タブ | Tab キー |
|---|---|
| 段落内改行のタブ | Ctrl + Tab キー |
| 均等割り付け | Ctrl + Shift + J キー |
| 書式のコピー | Ctrl + Shift + C キー |
| 書式の貼り付け | Ctrl + Shift + V キー |

## ● Excel

| コピー | Ctrl + C キー |
|---|---|
| 切り取り | Ctrl + X キー |
| 貼り付け | Ctrl + V キー |
| 操作を元に戻す | Ctrl + Z キー |
| やり直し | Ctrl + Y キー |
| 名前を付けて保存 | F12 キー |
| 上書き保存 | Ctrl + S キー |
| ソフトの終了 | Alt + F4 キー |
| タブのショートカットキー表示 | Alt キー |
| 図のコピー | 図を選択して Ctrl キー+ドラッグ |
| 図の水平垂直コピー | 図を選択して Ctrl + Shift キー+ドラッグ |
| 複数図形の選択 | 図を選択して Shift キーを押しながら2つめ以降の図をクリック |
| 絶対参照 | F4 キー |
| セルの書式画面の表示 | Ctrl + 1 キー |
| SUM関数挿入 | Shift + Alt + = キー |

| 関数の挿入ダイアログの表示 | Shift+F3キー |
|---|---|
| セル内改行 | Alt+Enterキー |
| 連続データの選択（行） | Shift+Ctrl+↓キー |
| 連続データの選択（列） | Shift+Ctrl+→キー |
| 表全体の選択 | Ctrl+Aキー |

## ● PowerPoint

| コピー | Ctrl+Cキー |
|---|---|
| 切り取り | Ctrl+Xキー |
| 貼り付け | Ctrl+Vキー |
| 操作を元に戻す | Ctrl+Zキー |
| やり直し | Ctrl+Yキー |
| 名前を付けて保存 | F12キー |
| 上書き保存 | Ctrl+Sキー |
| ソフトの終了 | Alt+F4キー |
| タブのショートカットキー表示 | Altキー |
| 図のコピー | 図を選択してCtrlキー+ドラッグ |
| 図の水平垂直コピー | 図を選択してCtrl+Shiftキー+ドラッグ |
| 複数図形の選択 | 図を選択してShiftキーを押しながら2つめ以降の図をクリック |
| プレゼンテーションの実行 | F5キー |
| 選択したスライドからの再実行 | Shift+F5キー |

| | |
|---|---|
| **プレゼンテーションの中止** | Escキー |
| **動作を進める** | Enterキー |
| **スライド（動作）を1つ戻す** | Backspaceキー |
| **スライド実行中のジャンプ** | スライド番号の数字＋Enterキー |
| **スライド実行中に無地のスライドを表示** | Bキー（黒）／Wキー（白） |
| **ペン** | Ctrl＋Pキー |
| **ペンの削除** | Eキー |

## ● Windows

| | |
|---|---|
| **右クリック** | アプリケーションキー（P.227参照） |
| **Snipping Toolの起動** | Windows＋Shift＋Sキー |
| **クリップボードを開く** | Windows＋Vキー |
| **エクスプローラーの表示** | Windows＋Eキー |
| **タスクバーアプリを選択** | Windows＋Tキー |
| **○番目のタスクバーアプリを起動** | Windows＋数字キー |
| **タスクバーアプリの新規ウィンドウを開く** | Shiftキー＋クリック |
| **複数の「アクティブウィンドウ」を切り替え** | Alt＋Tabキー |
| **デスクトップの表示** | Windows＋D ／ Mキー |
| **複数のウィンドウを並べる** | Windows＋↑ → ↓ ←キー |
| **スタート画面表示** | Windowsキー |
| **シャットダウン** | Alt＋F4キー |

# INDEX

Outlook / Gmail

## 日々のルーティンを最短に！「メール」のスキル


**英字**

BCC …… 028
CC …… 028
HTML形式 …… 019
IMEの単語登録 Windows …… 034

**あ／か行**

インデント記号の挿入 Outlook …… 027
インデントの設定 Outlook …… 027
画像送信 …… 022
画像の貼り付け …… 023
グループの作成 …… 049
グループを宛先に入力 …… 051
くわしい検索枠 …… 065
検索枠 …… 065

**さ行**

削除 …… 052
自動振り分け …… 060
ショートカットキーを有効にする Gmail 033
署名の切り替え …… 039
署名の登録 …… 037
仕分けルールの設定 …… 061
スター Gmail …… 055
全員に返信 …… 029

**た行**

単語登録 Windows …… 034
テキスト形式 …… 019
添付ファイルの送信 …… 025

**は行**

ひな形の送信 …… 043
ひな形の登録 …… 041
フォルダーに振り分け …… 060
フォルダーの作成 …… 058
フラグ Outlook …… 055
プレーンテキストモード …… 020
返信機能の設定変更 Outlook …… 027
返信メール …… 025

**ま行**

メール形式の変更 …… 021
メールの削除 …… 052
メールの自動振り分け …… 060
メールのひな形 …… 040
メールをサーバーに残す Outlook …… 032
メールを削除する日数の指定 Outlook 032
文字変換 Windows …… 044

**ら行**

ラベルに振り分け ……… 060
ラベルの作成 ……… 058
リッチテキスト形式 ……… 019
連絡先の登録 ……… 047,048

Edge / Chrome

## 必要な情報を最速で見つける！「情報検索」のスキル


**英字**

AI ……… 076
AND検索 ……… 070
ChatGPT ……… 077
Copilot in Windows ……… 077
Googleレンズ Chrome ……… 075
inPrivateウィンドウ Edge ……… 092
NOT検索 ……… 071
OR検索 ……… 071
SnippingTool Windows ……… 100
SNS検索 ……… 072
Webキャプチャ Edge ……… 101

**あ行**

ウィンドウの配置 Windows ……… 099
閲覧履歴から再表示 ……… 082
閲覧履歴の検索枠 ……… 083
閲覧履歴の削除 ……… 084,085
お気に入りに登録 Edge ……… 088
お気に入りバー Edge ……… 087

**か行**

画像検索 ……… 073,101
画面のキャプチャ ……… 099
完全一致検索 ……… 071
クチコミ検索 ……… 072
クリップボード Windows ……… 100
検索履歴の削除 ……… 081

**さ／た行**

シークレットウィンドウ Chrome ……… 092
その他のお気に入り Edge ……… 088
チャットAI ……… 076

**は行**

ハイパーリンクの設定 Excel ……… 103
フォルダーに移動 ……… 090,091
フォルダーの作成 ……… 090,091
ブックマークに登録 Chrome ……… 088
ブックマークバー Chrome ……… 087
ページ内検索 ……… 073
便利技メモ帳 Excel ……… 102
ホーム画面の設定 ……… 095
翻訳機能の活用 ……… 097

Word / Excel / PowerPoint

## 資料を最小の労力で作る!「資料作成」のスキル

### 記号／数字／英字


$マーク Excel …… 139
1行目のインデントボタン Word …… 118
AVERAGE関数 Excel …… 141
COUNT関数 Excel …… 141
MAX関数 Excel …… 141
MIN関数 Excel …… 141
PDFに変換 …… 191
SmartArt …… 174
SUM関数 Excel …… 141


### あ行


アウトライン入力 PowerPoint …… 158
アウトライン表示 PowerPoint …… 157
インデントの設定 Word/Excel …… 119,120,122,171
オートSUMボタンで入力 Excel …… 142
オリジナルタブの追加 …… 189


### か行


箇条書き Word/PowerPoint …… 122,162
箇条書きをSmartArtに変換 PowerPoint …… 175
関数 Excel …… 141
関数の挿入画面で入力 Excel …… 143
関数の引数画面の表示 Excel …… 144
行間 Word …… 129
均等割り付け Word/Excel …… 125,145
クイックアクセスツールバーの移動 …… 187
クイックアクセスツールバーの登録 …… 186
罫線の印刷 Excel …… 153
コンテンツプレースホルダ PowerPoint …… 156


### さ行


左右中央に印刷 Excel …… 150
字下げ Word/Excel …… 117,145
集計表 Excel …… 133
ショートカットキー …… 164,184
初期値の図形を変更 …… 173
スクリーンショット機能 …… 178
図として貼り付け …… 182
図として保存 …… 176
スライドの印刷 PowerPoint …… 165
スライドのデザイン PowerPoint …… 160
スライドの配色 PowerPoint …… 160
スライドのレイアウト変更 PowerPoint …… 162
絶対参照 Excel …… 139
セル参照 Excel …… 138
セル内改行 Excel …… 148
セルの二重構造 Excel …… 134
セルの分割機能 Word …… 106
選択解除領域／選択領域 Word …… 110
相対参照 Excel …… 139
そのまま貼り付け …… 180

### た／な行

タイトル行の印刷 Excel …… 152
タブの設定 Word …… 124
タブの追加 …… 189
段落間を広げる Word/PowerPoint …… 128,163
段落内改行 Word …… 116
段落内改行のタブ Word …… 123
段落番号の設定 Word …… 117
データベース Excel …… 132
テキストプレースホルダ PowerPoint …… 156
ノートペインの印刷 PowerPoint …… 165

### は行

ハイパーリンクの設定 Excel …… 103
引数 Excel …… 141
左インデントボタン Word …… 118
左揃えタブマーク Word …… 123
表示形式の設定 Excel …… 135
表の文字配置 …… 166
ブック全体をPDFに変換 Excel …… 192
ぶら下げインデントボタン Word …… 118
プロパティ情報の編集 …… 205
ページ番号の印刷 Excel …… 154
ベタ打ち Word …… 108
編集記号 Word …… 112
便利技メモ帳 Excel …… 102

### ま行

文字間隔の調整 PowerPoint …… 170
文字の均等割り付け Word/Excel …… 125,145
文字の自動折り返し Excel …… 147
文字の自動縮小 Excel …… 147
文字の幅を調整 Word/Excel …… 126,145

### ら／わ行

リスト表 Excel …… 132
ルーラー Word …… 111,118
ワークシートオブジェクトとして貼り付け …… 181

Windows

## 最高効率で業務をこなす!「ファイル管理」のスキル


### 英字

Copilot(タスクバー) ……… 210
GodMode ……… 224
IMEの単語登録 ……… 034
SnippingTool ……… 100

### あ/か行

アイコン表示 ……… 198
ウィジェット ……… 210
ウィンドウの配置 ……… 099
拡張子の表示 ……… 198
クリップボード ……… 100
検索(タスクバー) ……… 210
ごみ箱 ……… 219
コントロールパネル ……… 219

### さ行

再起動 ……… 228
システムトレイアイコンの編集 ……… 213
絞りこみ検索 ……… 200
詳細表示 ……… 199
常駐ソフトの解除 ……… 223
ショートカットアイコンの作成 ……… 216
スタートアップアプリの解除 ……… 223

### た行

タイル ……… 217
タグ ……… 204
タスクバーに登録 ……… 209
タスクバーの編集 ……… 211
タスクビュー(タスクバー) ……… 210
タスクマネージャー ……… 226
単語登録 ……… 034
チャット(タスクバー) ……… 210
デスクトップアイコンの自動整列を解除 ……… 222
デスクトップアイコンの表示/非表示 ……… 220

### は/ま行

ファイルの並び替え ……… 200
ファイルの表示 ……… 199
ファイルの命名 ……… 200
ファイル名の一括変更 ……… 203
プロパティ情報の編集 Word/Excel/PowerPoint ……… 205
文字変換 ……… 044

● 著者略歴

**四禮 静子**（しれい しずこ）

有限会社フォーティ取締役。日本大学芸術学部卒業。CATVの制作ディレクター退職後，独学でパソコンを学び，下町浅草に完全マンツーマンのフォーティネットパソコンスクールを開校。講座企画からテキスト作成・スクール運営を行う。1人ひとりに合わせてカリキュラムを作成し，受講生は初心者からビジネスマン・自営業の方まで2000人を超える。行政主催の講習会のほか企業に合わせたオリジナル研修や新入社員研修など，すべてオリジナルテキストにて実施。PC講師だけでなく，Web制作企画や商店の業務効率化のアドバイスなども行う。
著書に『スペースキーで見た目を整えるのはやめなさい』『エクセル方眼紙で文書を作るのはやめなさい』『Wordのムカムカ！が一瞬でなくなる使い方』『ストレスゼロのWindows仕事術』（技術評論社）、共著に『ビジネス力がみにつくExcel & Word講座』（翔泳社）などがある。
ホームページ：https://www.fortynet.co.jp/

**［お問い合わせについて］**

本書に関するご質問は、FAXか書面でお願いいたします。電話での直接のお問い合わせにはお答えできません。あらかじめご了承ください。下記のWebサイトでも質問用フォームをご用意しておりますので、ご利用ください。
ご質問の際には以下を明記してください。

- 書籍名　● 該当ページ　● 返信先（メールアドレス）

ご質問の際に記載いただいた個人情報は質問の返答以外の目的には使用いたしません。お送りいただいたご質問には、できる限り迅速にお答えするよう努力しておりますが、お時間をいただくこともございます。　なお、ご質問は本書に記載されている内容に関するもののみとさせていただきます。

**［問い合わせ先］**

〒162-0846　東京都新宿区市谷左内町21-13
株式会社技術評論社　書籍編集部
『「そんなことも知らないの？」と思われたくない社会人のパソコンスキル大全』係
FAX：03-3513-6183　　Web：https://gihyo.jp/book/2024/978-4-297-14063-2

［装丁］　山之口正和（OKIKATA）
［本文デザイン・DTP］　dig
［編集］　佐久未佳

**「そんなことも知らないの？」と思われたくない社会人のパソコンスキル大全**

2024年4月27日　初版　第1刷発行
2024年6月27日　初版　第3刷発行

著者　　四禮静子
発行人　片岡巌
発行所　株式会社技術評論社
　　　　東京都新宿区市谷左内町21-13
　　　　電話　03-3513-6150　販売促進部
　　　　　　　03-3513-6166　書籍編集部
印刷・製本 日経印刷株式会社

定価はカバーに表示してあります

本書の一部または全部を著作権法の定める範囲を超え、無断で複写、複製、転載、テープ化、ファイルに落とすことを禁じます

©2024 有限会社フォーティ

造本には細心の注意を払っておりますが、万一、乱丁（ページの乱れ）や落丁（ページの抜け）がございましたら、
小社販売促進部までお送りください。送料小社負担にてお取り替えいたします。
ISBN978-4-297-14063-2 C3055
Printed in Japan